Praxiswissen für Aufsichtsräte und Beiräte

IT und Digitales für Aufsichtsräte und Beiräte

Was Sie als Aufsichtsrat oder Beirat
über IT und Digitales wissen sollten

Autoren: Daniela Hellwig & Karl-Heinz Schulte

Reihe: Praxiswissen für Aufsichtsräte und Beiräte

Herausgeber: Dr. Harald Schönfeld, Andreas Renner

Daniela Hellwig & Karl-Heinz Schulte

Praxiswissen für Aufsichtsräte und Beiräte

IT und Digitales für Aufsichtsräte und Beiräte

Was Sie als Aufsichtsrat oder Beirat
über IT und Digitales wissen sollten

Mit einer Präambel von Hang Nguyen, Generalsekretärin Diplomatic Council, einem Vorwort von Multi-Beirat Ulrich Wallenhorst, und einer Einführung von Dr. Harald Schönfeld, Lehrgangsleiter „Zertifizierter Aufsichtsrat & Beirat (m/w/d)“, und Andreas Renner, Akademischer Direktor und Geschäftsführer der Steinbeis Augsburg Business School

Reihe „Praxiswissen für Aufsichtsräte und Beiräte“
Hrsg: Dr. Harald Schönfeld, Andreas Renner

Diplomatic Council Publishing

1. Auflage 2024

Hinweis zu gendergerechter Sprache

In diesem Werk ist wie in allen Büchern des Verlages mit dem generischen Maskulinum, zum Beispiel „Aufsichtsrat“, „Beirat“, „Geschäftsführer“, „Vorstand“, stets die sexusindifferente Bezeichnung gemeint, also alle (!) Geschlechter. Alle Abweichungen von dieser Regel werden sprachlich eindeutig gekennzeichnet, etwa durch Worte wie „männlich“ oder „weiblich“.

Auf Genderzeichen oder die Bezeichnung „(m/w/d)“ wird aus Gründen der besseren Lesbarkeit völlig verzichtet.

Bibliografische Informationen der Deutschen Nationalbibliothek

Die Deutsche Nationalbibliothek verzeichnet die Publikation in der Deutschen Nationalbibliografie; detaillierte bibliografische Daten sind im Internet über http://dnb.d-nb.de abrufbar. Printed in the Federal Republic of Germany.

Gedruckt auf säurefreiem Papier.

Gestaltung, Cover, Satz: IMS International Media Services, Wiesbaden

Print ISBN: 978-3-98674-112-9

E-Book ISBN: 978-3-98674-113-6

Sie müssen als Aufsichtsrat oder Beirat nicht auf alles Antworten parat haben. Aber Sie sollten in der Lage sein, alles zu hinterfragen.

Dr. Harald Schönfeld, Kursleiter „Zertifizierter Aufsichtsrat & Beirat“ an der Steinbeis Augsburg Business School

Inhalt

Präambel

In der Welt der Unternehmensführung spielen Aufsichtsräte und Beiräte eine wichtige Rolle. Diese beiden Gremien werden umgangssprachlich gelegentlich synonym verwendet, doch tatsächlich gibt es wesentliche Unterschiede zwischen ihnen.

Der Aufsichtsrat stellt nach der Hauptversammlung das zweithöchste Kontrollgremium eines Unternehmens dar. Seine Aufgabe besteht darin, die Arbeit des Vorstands zu überwachen und sicherzustellen, dass das Unternehmen in Übereinstimmung mit den gesetzlichen Vorschriften und den Unternehmenszielen arbeitet. Der Aufsichtsrat setzt sich aus Mitgliedern zusammen, die von den Aktionären des Unternehmens gewählt werden und eine breite Palette von Fähigkeiten und Erfahrungen mitbringen sollten.

Im Gegensatz dazu hat ein Beirat oft keine gesetzlich vorgeschriebene Rolle und kann als Beratungs- oder Expertengremium fungieren. Beiräte werden häufig vom Vorstand, der Geschäftsführung oder den Eigentümern eines Unternehmens ernannt und sind dafür verantwortlich, dem Unternehmen strategische Ratschläge und Unterstützung zu bieten. Ein Beirat kann auch genutzt werden, um einen externen Blick auf das Unternehmen zu erhalten oder um eine besondere Expertise einzubringen, beispielsweise in Bezug auf Technologie, internationale Märkte oder Marketing.

So unterschiedlich die beiden Gremien sind, so vielfältig sind die Gemeinsamkeiten. Beide tragen entweder direkt oder indirekt Verantwortung für das Gedeihen eines Unternehmens.

Verantwortlichkeiten klar definieren

Eine der größten Herausforderungen für Aufsichtsräte und Beiräte besteht darin, ihre Rollen und Verantwortlichkeiten klar zu definieren. Einige Unternehmen neigen dazu, Aufsichtsräte und Beiräte als „Papiertiger" zu betrachten, die nur wenige Aufgaben haben und wenig Einfluss auf die tatsächliche Arbeit des Unternehmens nehmen. Um effektiv zu sein, müssen Aufsichtsräte und Beiräte jedoch aktiv und engagiert sein und eine klare und transparente Kommunikation mit dem Vorstand und anderen Führungskräften des Unternehmens aufrechterhalten.

Die Rolle von Aufsichtsräten und Beiräten kann je nach Unternehmen und Branche variieren, aber es gibt einige wichtige allgemeine Aufgaben, die beide Gremien erfüllen sollten. Dazu gehört die Überwachung der finanziellen Leistung des Unternehmens, die Festlegung von Unternehmenszielen und -strategien, die Bewertung von Risiken und Chancen sowie die Überprüfung der Einhaltung von Gesetzen und Vorschriften. Kommunikation stellt auf allen diesen Gebieten einen Schlüsselfaktor für den Erfolg dar.

Ethische und nachhaltige Geschäftspraktiken

Ein weiterer wichtiger Aspekt der Arbeit von Aufsichtsräten und Beiräten besteht darin, sicherzustellen, dass das Unternehmen ethische und nachhaltige Geschäftspraktiken anwendet. In einer Zeit, in der die Öffentlichkeit immer mehr Wert auf Nachhaltigkeit und Corporate Social Responsibility legt, ist es wichtig, dass Unternehmen sich dieser Anforderung bewusst sind und entsprechende Maßnahmen ergreifen – und diese auch nach innen und außen kommunizieren.

Insgesamt spielen Aufsichtsräte und Beiräte eine entscheidende Rolle bei der Führung und Kontrolle von Unternehmen. Indem sie eine unabhängige Perspektive und eine breite Palette von Fähigkeiten und Erfahrungen mitbringen, können sie dazu beitragen, dass Unternehmen erfolgreich und nachhaltig sind.

Die Buchreihe „Praxiswissen für Aufsichtsräte und Beiräte" wendet sich an alle Personen, die sich auf ihre entsprechende Rolle vorbereiten oder diese noch besser ausfüllen wollen. In den einzelnen Bänden kommen Praktiker zu Worte, die in ihren jeweiligen Segmenten langjährige Erfahrungen aufzuweisen haben und selbst schon in Aufsichtsräten und Beiräten aktiv sind.

In allen Bänden geht es nicht darum, Fachbücher zu den jeweiligen Themengebieten zu ersetzen, sondern aus der Praxis erwachsene Tipps und Tricks zu verraten, die sich häufig in gar keinem Lehrbuch über das betreffende Fachgebiet finden. So ist es auch den Autoren des vorliegenden Buches, Daniela Hellwig und Karl-Heinz Schulte, gelungen, kein neues Fachbuch über IT zu schreiben, sondern ein spezifisches Werk für Aufsichtsräte und Beiräte, die ihre Mandatsunternehmen in Sachen IT und Digitalisierung zur Seite stehen wollen. Dafür gebührt den Autoren ein großer Dank.

Ein besonderer Dank geht auch an Dr. Harald Schönfeld, den Leiter der Kursreihe „Zertifizierter Aufsichtsrat und Beirat", und an Andreas Renner als Academic Director und Geschäftsführer der Steinbeis Augsburg Business School, in der dieser Zertifikatslehrgang angeboten wird. Beide fungieren als Herausgeber für diese Buchreihe, stellen die Qualität aller Bände sicher und tragen Sorge, dass sich die einzelnen Werke gegenseitig ergänzen.

Berater der Berater

Die Buchreihe „Praxiswissen für Aufsichtsräte und Beiräte" stellt eine Gemeinschaftsproduktion unserer Denkfabrik Diplomatic Council mit Beraterstatus bei den Vereinten Nationen und der Steinbeis Augsburg Business School dar. Es werden ausschließlich Autoren veröffentlicht, die den hohen Anforderungen beider Institutionen genügen. Das bedeutet die Verbindung zwischen einem hohen intellektuellen Niveau mit einer jahrelang bewährten Erfahrung in der betrieblichen Praxis. Nicht die Wissensvermittlung ex cathedra zeichnet die gemeinsame Buchreihe aus, sondern kluge Köpfe mit Bodenhaftung, die ihr geballtes Know-how als Berater der Berater weitergeben.

In diesem Sinne wünsche ich der Leserschaft eine erkenntnisreiche Lektüre des vorliegendes Werkes, bei dem es sich um ein offizielles Lehrbuch für den Zertifikatskurs Aufsichtsräte und Beiräte an der Steinbeis Augsburg Business School handelt.

Hang Nguyen

Generalsekretärin Diplomatic Council

Vorwort eines Multi-Beirats

Als Mitglied von Aufsichtsräten oder Beiräten – seien diese „nur“ beratend oder auch entscheidend und regulierend tätig – in der heutigen digitalisierten Welt, stehen wir vor der unumgänglichen Aufgabe, unser Fachwissen stetig anzupassen und zu erweitern, um den neuen Anforderungen der digitalen Ära gerecht zu werden. Die Bedeutung von IT-Risiken und insbesondere Cyberrisiken hat in den letzten Jahren dramatisch zugenommen, parallel zu der sich beschleunigenden Digitalisierung im öffentlichen Leben sowie im wirtschaftlichen und institutionellen Umfeld. Die zunehmende Digitalisierung resultiert nicht nur in der Notwendigkeit, diese Risiken besser einschätzen und beurteilen zu können, sondern untermauert die Erkenntnis, dass die umfassende Beherrschung weiterer Bereiche der Digitalisierung eine zentrale Säule für das Erreichen von Unternehmenszielen, zum Beispiel in der industriellen Automatisierungstechnik und verwandten Industrien des typisch deutschen Mittelstandes, geworden ist. Das vorliegende Fachbuch ist daher nicht nur ein Leitfaden, sondern ein unverzichtbares Werkzeug, um die sich wandelnde Rolle von Beiräten und Aufsichtsräten in dieser neuen digitalen Realität zu verstehen und zu gestalten.

Die rapide Digitalisierung und die Emergenz digitaler Geschäftsmodelle verlangen von uns, dem traditionellen Erfahrungswissen eine neue, digitale Dimension hinzuzufügen und macht dabei nicht vor Aufsichts- und Beiräten Halt. In einer Welt, in der technologische Kompetenz ebenso entscheidend ist wie das Verständnis für traditionelle Geschäftsprozesse, ist es unerlässlich, dass wir als Beiratsmitglieder unser Wissen kontinuierlich erweitern und uns mit den neuesten digitalen Trends und Technologien vertraut machen und dabei auch in den sachlich-fachlichen und stets konstruktiv bleibenden Diskurs in den Gremien gehen.

Die digitale Qualifizierung eines Beirats oder Aufsichtsrats ist dabei nicht nur für die effektive Überwachung und Steuerung von IT-Risiken entscheidend, sondern auch für die Förderung von Innovation und die erfolgreiche Umsetzung digitaler Geschäftsmodelle. In diesem Kontext spielt die Plattform „Deutsche Digitale Beiräte“ eine wichtige Rolle. Sie dient als zentrale Anlaufstelle, an der Experten aus verschiedenen Bereichen der Digitalisierung ihr Wissen und ihre Erfahrungen teilen. Diese Plattform ermöglicht es uns, von führenden Köpfen zu lernen und unser Verständnis für digitale Prozesse und Risiken zu vertiefen. Hier habe ich auch den Autor Karl- Heinz Schulte kennen und schätzen gelernt. Gemeinsam formulierten wir das für die digitalen Beiräte notwendige Methodenwissen.

Die Autoren führen aus, dass die Herausforderungen der digitalen Welt nicht allein technologischer Natur sind, sondern auch ein tiefgreifendes Verständnis für die Art und Weise erfordern, wie Organisationen und ihre Führungskräfte Technologien anwenden und integrieren. Es geht darum, eine Kultur der Cybersicherheit zu etablieren, Risikomanagementstrategien zu entwickeln und gleichzeitig die Chancen der Digitalisierung zu nutzen – alles Fähigkeiten, die für Aufsichts- und Beiräte von zentraler Bedeutung sind.

Mit diesem Buch unterstreichen die Autoren die Bedeutung, die das digitale Fachwissen für Aufsichts- und Beiräte in der heutigen Zeit hat. Es ist ein entscheidender Schritt, um nicht nur die Risiken zu verstehen, sondern auch die Chancen zu ergreifen, die die Digitalisierung für unsere Unternehmen und die Gesellschaft als Ganzes bietet. Durch die Verbindung von theoretischen Erkenntnissen und praktischen Einblicken bietet es eine wertvolle Anleitung für die effektive Steuerung und Überwachung in einer zunehmend digitalisierten Welt.

In dem Sinne ist das Werk auch ein Aufruf an Aufsichts- und Beiräte, sich der Herausforderung zu stellen und „in Führung zu gehen" bei der Ausübung der Governance-Funktion von Unternehmen in einer Zeit, in der eher das Vermeiden von Fehlern im Vordergrund zu stehen scheint, anstatt unternehmerische Vorbildfunktion aktiv zu leben!

Ulrich Wallenhorst

Multi-Beirat in mittelständischen Unternehmen, Mitglied der Deutschen Digitalen Beiräte

Geschäftsführender Gesellschafter WaVe Ventures GmbH
Business Angel

Ehemaliger Geschäftsführer, Chief Technology Officer (CTO), Vice President (VP) renommierter Unternehmen

Einführung der Herausgeber

Von Dr. Harald Schönfeld, Kursleiter „Zertifizierter Aufsichtsrat & Beirat“ an der Steinbeis Augsburg Business School, und Andreas Renner, Direktor Steinbeis Augsburg Business School

Aufsichtsrat und Beirat wird man in der Regel mit etwas gesetzterem Alter. Bis dahin hat man viel gelernt, ein stabiles Kontaktnetz aufgebaut und reichlich Erfahrungen gesammelt, die für viele Unternehmen von großer Bedeutung sind. Die mit einem Mandat als Aufsichtsrat oder Beirat verbundene Verantwortung ist jedoch nicht zu unterschätzen. Damit ist nicht nur die rechtliche Verantwortung vor allem bei börsennotierten Unternehmen gemeint, sondern auch das Pflichtbewusstsein und der innere moralische Kompass, einer Firma den bestmöglichen Ratschlag zuteil werden zu lassen.

Zertifikatskurs für Aufsichtsräte und Beiräte

Vor diesem Grund haben wir an der Steinbeis Augsburg Business School eigens einen Zertifikatskurs für Aufsichtsräte und Beiräte aus der Taufe gehoben. Er ist dafür konzipiert, Mandatsträgern zu helfen, ihre Kompetenzen und Erfahrungen bestmöglich in die Berufung einzubringen und die damit verbundenen Aufgaben souverän zu steuern und zu überwachen.

Im Kurs legen wir besonderen Wert auf eine anspruchsvolle, fachlich fundierte und an der betrieblichen Praxis orientierte Aus- und Weiterbildung. Die gleichen hohen Ansprüche stellen wir an die Buchreihe „Praxiswissen für Aufsichtsräte & Beiräte“, in der das vorliegende Werk erschienen ist. Praxisorientierte

Methoden, Instrumente und Lehrinhalte helfen Ihnen, den Erfolg Ihres Mandatsunternehmens sicherzustellen. Dabei gehen wir sowohl im Kurs als auch in der Buchreihe auf die unterschiedlichen Schwerpunkte je nach Mandat ein. Denn die Arbeit als Aufsichtsrat oder Beirat ist in der Regel anspruchsvoll und komplex und erfordert eine fundierte Qualifikation.

Initiativen für Ihren Erfolg und den „Ihrer" Firmen

Die Buchreihe wendet sich sowohl an Personen, die gerade in die Rolle als Aufsichtsrat oder Beirat hineinwachsen als auch an solche, die schon dabei sind, aber ihr Kenntnisspektrum erweitern oder vervollständigen wollen. Hinzu kommen zahlreiche weitere Gelegenheiten rund um das Thema, mit Gleichgesinnten zusammenzukommen sowie Kontakte mit Unternehmen zu knüpfen, die nach kompetenten und erfahrenen Aufsichtsräten und Beiräten suchen. Hierzu haben das Diplomatic Council, das zum engsten Beraterkreis der Vereinten Nationen gehört, und die Steinbeis Augsburg Business School über den Zertifizierungskurs und die Buchreihe hinausgehend mehrere, weitere Initiativen ins Leben gerufen, darunter beispielsweise die bekannten Starnberger See Gespräche und das Programm 100 Beiräte für Familienunternehmen sowie das globale hochkarätige Kontaktnetz des Diplomatic Council für seine Mitglieder.

Wir verstehen unsere Aufgabe darin, Sie erfolgreich zu machen, damit Sie „Ihre" Unternehmen beim Erfolg unterstützen können! In diesem Sinne ist auch das vorliegende Werk als offizielles Lehrbuch für den Zertifikatskurs Aufsichtsräte und Beiräte an der Steinbeis Augsburg Business School zu verstehen.

Dr. Harald Schönfeld, Andreas Renner

Navigation durch dieses Buch

Als wir – die Autoren – uns der Frage widmeten, wie ein spannendes Buch zum Thema IT und Digitales für die Zielgruppe um Beiräte und Aufsichtsräte aussehen kann, waren wir uns schnell einig: Sicherlich nicht in Form eines 500 seitigen Wälzers, der eine IT-Technologie, ein IT-Modell und eine IT-Theorie nach der anderen herunterbetet. Mit einem solchen Werk würden wir Ihnen als spezielle Zielgruppe nicht gerecht. Wir würden Ihnen weder inhaltlichen Mehrwert bieten noch das Lesen unterhaltsam gestalten.

Wir fragten uns also viel mehr: Was machen Seminare und Vorträge zu diesen Themen so lebendig? Die Antwort auf diese Frage ist offensichtlich: Die zahlreichen Geschichten aus der Praxis und die Diskussionen, die dazu geführt werden. Der Erkenntnisgewinn, der sich während der Erzählung langsam aufbaut und Verknüpfungen zu den eigenen Geschichten zulässt.

Wir möchten Sie deswegen einladen, dieses Buch nicht nur als Fachbuch, sondern auch als eine Form der Geschichte wahrzunehmen, die sich nach und nach aufbaut, in der es spannende Wendungen und Ereignisse gibt und vor allem Charaktere, die diese erleben. Dabei werden wir keinesfalls vom eigentlichen Sinn und Zweck dieses Buches abweichen: Die Vermittlung von anwendungsbezogenem und praxiserprobtem IT-Wissens für den modernen Aufsichtsrat und Beirat. Deshalb finden Sie im Buch zwei unterschiedliche Erzählstile, die wir durch zwei verschiedene Schriftstile kenntlich machen:

In kursiver Schrift gesetzt steht die Geschichte von Anna, die ein Beiratsmandat im fiktiven Unternehmen Somapro GmbH aufnimmt und dieses Unternehmen auf seiner digitalen Reise begleitet und unterstützt. Die Autoren haben dieses fiktive Unternehmen erschaffen und ihm eine eigene Homepage unter www.somapro.de gewidmet.

In regulär aufrechter Schrift gesetzt finden Sie alle fachlichen Erklärungen und Modelle sowie Anregungen, wie sich Szenarien aus dem Beispiel ins Allgemeine übertragen lassen.

Außerdem werden Sie einige Kapitel finden, die als Exkurs gekennzeichnet sind. Dort gehen wir tiefer ins Detail in den für Sie als Beirat oder Aufsichtsrat wenigen technisch relevanten Thematiken.

Lesen Sie dieses Buch, wie es Ihnen beliebt: Sie sind kein Freund von Storytelling und möchten sich auf reine Fakten statt Praxisbeispielen konzentrieren? Lassen Sie die kursiven Abschnitte aus. Sie möchten erst einmal die gesamte Geschichte der Somapro GmbH verstehen, bevor Sie sich den Theorien dazu widmen? Lesen Sie alles Kursive in einem Rutsch. Im Übrigen finden Sie den fiktiven Kontext für unsere Anwendungsbeispiele der Somapro auf der Website www.somapro.de. Sie brauchen nur Überblickswissen oder kennen sich in einigen Bereichen schon detailliert aus? Überspringen Sie die Exkurse oder lesen Sie nur Ausgewählte.

Wir hoffen, Ihnen damit genau jene Form anbieten zu können, die Ihnen in Ihrer Situation am effizientesten und angenehmsten nützt.

Ein wichtiger Hinweis an dieser Stelle: Unser Beispiel-Unternehmen und die dort betrachtete Rolle eines Beirates haben wir hier bewusst recht aktivistisch ausgeprägt. Dies erlaubt uns ein möglichst breites Spektrum an Kontrollfunktionen wie auch Einwirkungen bis zu Mitwirkungen aus der Rolle des Beirats heraus. Daher gehen auch unsere Erklärungen in dem Beispielszenario vornehmlich auf die Funktion des Beirats ein. Das meiste davon lässt sich eins-zu-eins auf den Aufsichtsrat übertragen.

In Ihrem konkreten unternehmerischen Kontext, wie auch in jedem anderen Kontext, werden Sie stets eine spezifische Form der Ausprägung Ihrer Rolle als Beirat oder Aufsichtsrat vorfinden. Sie unterliegt sicher bestimmten Rahmenbedingungen und Gestaltungsspielräumen. Nicht zuletzt liegt es an Ihnen, wie aktiv Sie innerhalb des gegebenen Rahmens gestalten wollen. Wir wollen Ihnen mit diesem Buch „Handwerkszeug“ bereitstellen, welches Ihnen bei der Ausgestaltung helfen kann. Ganz besonders wichtig ist uns, auf das existenzielle, unternehmerische Risiko von Cyberbedrohungen und ihren Gefahren klar hinzuweisen. Dabei kommt Ihnen als Kontrollgremium eine besondere Verantwortung zu.

Bevor Sie nun tiefer ins Buch eintauchen, möchten wir Ihnen eine kurze Navigation an die Hand geben:

Wir starten in den folgenden ersten acht Kapiteln mit IT-Grundlagen. Sie lernen die klassische und die neue Rolle der IT im Unternehmen kennen, warum es überhaupt IT-Wissen im Kontroll- und Beratungsgremium braucht, wie Sie erkennen, ob Business und IT im Einklang sind, und wie Sie beides auf Kurs bringen. Wir enden mit einer konkreten Roadmap zur Umsetzung.

Der zweite Abschnitt befasst sich mit den IT-Risiken. Kapitel 9 skizziert einen Überblick der IT-Risiken und Kapitel 10 stellt zusammen, welche Mittel Sie auf Ihrer Kontroll- und Wirkebene haben, mit diesen Risiken umzugehen. Besonders vertiefend gehen wir dann auf Cyberrisiken in gleich mehreren Kapiteln ein.

Sie erfahren, warum es IT-Security braucht und wie Sie als Beirat oder Aufsichtsrat mitwirken können oder gar müssen, um das Unternehmen vor einer steigenden Anzahl an Cyberattacken in seiner Existenz und seiner Wirtschaftlichkeit zu schützen.

Wir schließen mit einem kurzen Abschnitt und Ausblick auf zukünftige IT-Trends, wie Sie diese erkennen oder sogar mitgestalten können.

Hinweis: Das Unternehmen Somapro GmbH und die darin agierenden Charaktere sind fiktiv. Etwaige Ähnlichkeiten oder Überschneidungen zu realen Personen oder Unternehmen sind rein zufällig.

Wir wünschen Ihnen nun viel Freude beim Entdecken dieses Buches und viel Erfolg bei der Anwendung in Ihrer ganz persönlichen Praxis.

Daniela Hellwig

Karl-Heinz Schulte

Kapitel 1: IT-Verständnis im Beirat?

Warum wir es unbedingt brauchen

Warum ist das Thema IT und Cybersecurity als Fachlektüre speziell für Aufsichtsräte und Beiräte aufbereitet? In den letzten Jahren sind die Potenziale der Digitalisierung wie auch die Risiken und Bedrohungen durch Cyberkriminalität vermehrt in den Fokus der kontrollierenden bzw. beratenden Boards geraten. Beide Perspektiven sind heute engstens mit IT verknüpft. Es vergeht kaum eine Aufsichtsrats- oder Beiratssitzung, auf der kein IT-nahes Thema auf der Agenda steht.

Ein anderer Blickwinkel sind oftmals Performance-Optimierungsvorhaben. Aufsichtsräte und Beiräte wollen die Geschäftsleitungen zu besserer Wettbewerbsfähigkeit, besseren Produkten, schlankeren Prozessen, kürzerer Time-to-Market und vielerlei anderer Optimierungen motivieren. All diese Dinge sind in der Regel mit Optimierungen von und der Unterstützung durch IT verbunden.

Warum wird das Thema erst jetzt mehr und mehr auf C-Level-Ebene verankert, obwohl die Geschichte der IT in Unternehmen schon rund 80 Jahre alt ist? Mit einem kurzen Blick zurück in die Vergangenheit und die Anfänge der IT stellen wir fest, dass es nur natürlich ist, dass die IT in vielen Köpfen nach wie vor der zwar wichtige und unterstützende, aber dennoch businessferne Partner im Unternehmen ist:

Erste Einsätze der IT (oder damals EDV) waren vor allem in der Buchhaltung zu finden, um komplexe Berechnungen durchzuführen und Abrechnungsvorgänge zu beschleunigen. Bis heute gibt es Unternehmen, in denen aufgrund dieser Historie ein operativer IT-Leiter dem CFO unterstellt ist. In diesen Fällen ist die strategische CIO-Funktion kaum bis gar nicht ausgeprägt. Mit der technologischen Entwicklung, insbesondere der Einführung von Personal Computern, wurden die Einsatzbereiche der IT jedoch stetig erweitert und vielfältiger. Gerade im Bereich der Datenverarbeitung und Prozessgestaltung konnten große Fortschritte erzielt werden. Die Kernfrage war jedoch für lange Zeit: Wie kann die IT das bestehende Business unterstützen?

Kehren wir in die Gegenwart zurück. Was ist und was kann IT heute? Ein Hinweis bietet der Blick auf die erfolgreichsten Start-Ups der letzten Jahre: Sie bewegen sich vor allem in den Branchen E-Commerce, Fintech, Digital Health und Künstliche Intelligenz (KI).

Das Geschäftsmodell basiert oftmals auf der Bereitstellung einer technischen Plattform, geliefert und monetarisiert als Software-as-a-Service. Neugründungen und Innovationen fußen zu einem großen Teil auf den Möglichkeiten, die der technologische Fortschritt ermöglicht hat. Täglich ergeben sich neue Entwicklungen, die wiederum neue Märkte erschließen. Ist dieses Wachstum nur den jungen und hippen Start-Ups vorbehalten? Mitnichten – wenn sich traditionelle Unternehmen von ihrem alten Bild der IT verabschieden können und die Frage in den Mittelpunkt stellen, wie IT das eigene Business optimieren, beschleunigen oder gar revolutionieren kann.

IT ist damit ein wesentlicher Bestandteil geworden, um das Wohl eines Unternehmens sicherzustellen – und damit ein berechtigter Punkt auf der Agenda des Aufsichtsrats.

Doch klassischerweise ergeben sich durch neue Chancen auch neue Gefahren: Man könnte auch sagen, für jedes neue, IT-basierte Geschäftsmodell schießen 1.000 neue IT-basierte Bedrohungen aus dem Boden. Dass dieser Vergleich bei Weitem keine Übertreibung ist, belegen die Zahlen des Lageberichts für IT-Sicherheit in Deutschland von 2023: Im Schnitt entstehen pro Tag 332.000 neue Schadprogramm-Varianten, die es zu entdecken und zu bekämpfen gilt.[1]

Cybersecurity ist das Hauptthema, wenn wir von Risiken, die von der IT ausgehen, sprechen. Die Frequenz und Professionalität der Attacken nehmen kontinuierlich zu – nicht zuletzt angefeuert durch den Durchbruch der generativen KI. Während einige Angriffe unbemerkt bleiben, reißen andere ein großes finanzielles Loch in die Unternehmenskasse. Das belegen Zahlen einer Bitkom-Studie von 2021: In den vorangegangenen sechs Jahren hat sich der Gesamtschaden bei deutschen Unternehmen von 51,5 Milliarden (2015) auf 223,5 Milliarden (2021) vervierfacht.[2]

Neben Lösegeldforderungen entstehen vor allem (finanzielle) Schäden durch Produktionsausfälle, Imagebeeinträchtigungen, Datenschutzverletzungen oder den Verlust von Wettbewerbsvorteilen. Folgerichtig ist die wirtschaftliche Sicherheit eines Unternehmens inzwischen auch stark von seiner IT-Security abhängig – und damit ebenfalls permanentes Thema des Boards.

Wie sieht es nun aus in den Aufsichts- und Beiräten? Treffen wir dort bereits die notwendigen Kompetenzen an, um die aufgelisteten Themen umfangreich abzudecken?

Eine Befragung der PwC von 2021 kommt leider zu einem anderen Schluss: Von den 250 befragten Familienunternehmen im deutschsprachigen Raum haben nur 27 Prozent das Thema Digitalisierung im Beirat vertreten. Es wird damit höchste Zeit, diese

Kompetenz in Aufsichtsräten und Beiräten stärker auszubauen. Mit dieser Lektüre machen Sie einen ersten richtigen Schritt auf diesem Weg.

Mit diesem kurzen Überblick über die Entwicklungen in und um die IT, unterstreichen wir, warum sich der moderne Beirat bzw. Aufsichtsrat mit Themen rund um IT, Digitalisierung und Cybersecurity befassen sollte. Fehlt noch die Frage: Womit genau? Denn eins ist sicher: Diese Felder sind riesig. Und neues Wissen, neue Entwicklungen und neue Trends kommen permanent hinzu. Wo also anfangen?

Dieses Buch soll Ihnen eine Hilfestellung bieten, welche Fragen Sie stellen und welche Themen Sie im Blick behalten sollten in der Rolle eines Aufsichtsrates oder Beirates.

Dabei werden wir auf essentielle Fragestellungen eines Boards eingehen, wie etwa:

- Ist die IT im Einklang mit dem Business? Unterstützt die IT und ihre Systeme maximal die angestrebten Business-Ziele?

- Bauen die IT-Strategie und die Digital-Strategie auf der Business-Strategie auf?

- Ist die IT Fit für die anstehenden strategischen Ambitionen des Unternehmens? Wie kann dies festgestellt werden? Wie erkennt man strategische Lücken?

- Braucht das Unternehmen ein neues IT Target Operating Model? Wie kann ein Beirat darauf einwirken?

- Welche IT-Risiken gibt es und welche Auswirkungen haben diese auf das Unternehmen? Wie kann ich als Aufsichtsorgan einen Blick darauf haben und einwirken?

- Cybersecurity ist ein Existenzrisiko für jedes Unternehmen: Wie sichere ich ein Unternehmen bestmöglich ab, bereite mich auf den Ernstfall vor und entwerfe Recovery-Strategien? Und wie gut ist das Unternehmen zur Zeit geschützt?

- Ist das Unternehmen technologisch up-to-date? Und wie kann eine kontinuierliche Innovation stattfinden? Welche Technologietrends sind für ein Unternehmen interessant und relevant?

Tauchen Sie nun gerne in unsere Praxiskapitel ein und begleiten Sie uns bei einem exemplarischen Fall: Die neue strategische Ausrichtung der Somapro GmbH (mehr dazu finden Sie unter www.somapro.de). Sie werden auf den kommenden Seiten ein Wechselspiel aus theoretischem Input und praktischer Anwendung finden. Am Ende sind Sie gewappnet für Reflektion und Anwendung des Wissens für Ihr eigenes Mandatsunternehmen.

Wir wünschen Ihnen damit ein gleichermaßen erkenntnisreiches wie unterhaltendes Leseerlebnis.

Kapitel 2: Willkommen im Beirat

Unternehmen und Kontext verstehen

Anna Huber und die IT – sie gehen seit vielen Jahren Hand in Hand. Ausgehend von einem IT-Studium und mehreren Jahren als IT-Projektleiterin im Umfeld von Digitalisierung und Prozessoptimierung sowie einer schnellen Karriere über mehrere Führungsebenen hinweg, ist sie heute die Geschäftsführerin eines mittelständischen IT-Dienstleistungsunternehmens. Sie begegnet mannigfaltigen Herausforderungen bei ihren Kunden im Zuge ihrer Digitalisierung. Sie brennt förmlich dafür, erfolgreiche Mittelständler in eine glorreiche, digitale Zukunft zu begleiten.

Schon länger hat Anna deshalb den Gedanken, ihre Kompetenzen nachhaltiger und längerfristig in ein Unternehmen einzubringen, beispielsweise durch die Übernahme eines Beiratsmandates. Dies teilt sie vermehrt auf Netzwerktreffen in ihrer Region mit.

Umso erfreuter ist Anna, als sie eine E-Mail mit einer Mandatsofferte erreicht. Sie stammt von einem in der Branche sehr bekannten Hersteller von Spezialwerkzeugen, der Somapro GmbH.

Sehr geehrte Frau Huber,

wir sind seit vielen Jahren erfolgreich am Markt als Hersteller für Spezialwerkzeuge. Die Somapro GmbH (www.somapro.de) hat einen etablierten Kundenstamm, der vor allem unsere integrierten Lösungen schätzt, welche passgenau auf ihre Bedarfe zugeschnitten sind.

Trotz dieser komfortablen Lage beobachten wir vermehrt digitale Anbindungen von Werkzeugen bei unseren Kunden und gezielte Nachfragen nach unserem Weg.

Unsere Vision ist klar: Unsere Werkzeuge sollen in Zukunft vernetzt, synchron und abgestimmt arbeiten, und in der Lage sein, mit anderen Produktionsabschnitten bei unseren Kunden vor Ort zu kommunizieren. Wir wollen unseren Kunden bei der Optimierung ihrer Produktion helfen und dazu unsere erzeugten Daten verwenden.

Unsere Herausforderung: Wir sind Experten für Werkzeugbau und für Produktionsprozesse – bislang aber noch nicht für digitale Lösungen. Um meinen Führungskreis, meine Organisation wie auch meine Unternehmung entsprechend umzubauen, möchte ich meinen Beirat um digitale Expertise in diesem Umfeld erweitern.

Ich weiß aus meinem Netzwerk, dass Sie auf diesem Gebiet eine Vorreiterrolle innehaben. Aus diesem Grund würde ich mich gern mit Ihnen austauschen und Sie für ein Beiratsmandat in der Somapro gewinnen. Wir arbeiten bei der Somapro sehr aktiv mit unserem Beirat zusammen.

Lassen Sie uns doch zeitnah dazu telefonieren. Anbei habe ich Ihnen einige Datenblätter zur Somapro GmbH angehängt, damit Sie sich vorab ein erstes Bild machen können.

Mit freundlichen Grüßen

Hans-Peter Hesch
Geschäftsführer Somapro GmbH

Anna sieht selbst bei diesen ersten, sehr allgemeinen Zeilen viel Potenzial: Das könnte ein attraktives Mandat für sie sein. Bevor sie zum Telefon greift, widmet sie sich den angesprochenen Unterlagen, um besser einschätzen zu können, welche Herausforderung auf sie wartet.

Fact Sheet Somapro GmbH (www.somapro.de)

Das Unternehmen Somapro ist seit vielen Jahren wirtschaftlich erfolgreich am Markt und als Gruppe organisiert. Das Unternehmen firmiert als GmbH und ist ein alteingesessenes, langjährig erfolgreiches Familienunternehmen. Das Headquarter in einer deutschen Großstadt übernimmt alle zentralen Steuerungen und beinhaltet alle globalen Managementfunktionen sowie auch die zentrale IT-Funktion für die gesamte Gruppe. Die operative Leistung wird in dezentralen Standorten erbracht, großflächig in Deutschland verteilt sowie zu kleineren Teilen in Österreich und Ungarn. Wesentliche Standorte sind Produktionsstandorte, die restlichen reine Serviceorganisationen.

Zahlen und Fakten:

- Querschnittsfunktionen befinden sich im Headquarter, insbesondere auch die IT.
- 30 Standorte gesamt.
- 10 Produktions- und 20 Servicestandorte.
- 580 Mio. Euro Jahresumsatz.
- 3.000 Mitarbeiterinnen und Mitarbeiter.

Aufbau der IT:

- Zentralisiert.
- IT-Budget beträgt ca. 5 Prozent des Umsatzes.
- Hohe Wertschöpfungstiefe intern im Unternehmen.
- IT-Organisation ist funktional nach technischen Fachkompetenzen gegliedert.
- IT-Security wird aus dem Infrastrukturteam heraus erbracht
- Die IT beinhaltet klassische Office-IT wie auch Unterstützung für die sogenannte OT (Operational Technology) in der Produktion, wie etwa die Anbindung und Integration von Maschinen der Produktion.

Das Unternehmen produziert Spezialwerkzeuge für die industrielle Fertigung. Darüber hinaus bietet es Services an, um die Werkzeuge bestmöglich und effizient in der Fertigung bei ihren Kunden anzubringen. Dazu werden unter anderem Produktionsplanungen und Optimierungen bei Kunden vorgenommen.

Im Zuge strategischer Planungen stellt die Geschäftsführung fest: Um auf dem Markt standzuhalten und die Kundenwünsche zu bedienen, muss der Digitalisierungsgrad der eigenen Produkte und Produktion erhöht werden. Denn: Teil des USP des Unternehmens war und ist die Schaffung speziell integrierter Kundenlösungen. Da die kundenseitige IT-Landschaft zunehmend modernisiert wird, muss die Somapro GmbH dringend nachziehen und die reibungslose Kommunikation zwischen Kundenumgebung und Produkt sicherstellen.

Anna Huber ist motiviert, das Mandat zu übernehmen. Sie kann aus den wenigen, ihr vorliegenden Daten bereits ableiten: Die Ambition des Unternehmens ist für sie spannend und beinhaltet viele transformative Prozesse, die direkt die IT-Landschaft des Unternehmens betreffen.

Doch was konnte die angehende Beirätin ganz konkret aus den Daten lesen?

Wir wissen:

Der USP des Unternehmens Somapro GmbH ist die Herstellung von integrierten Speziallösungen.

Dieser USP ist durch die Digitalisierung in Gefahr, denn: Kundenseitig kommen vermehrt moderne Plattformlösungen zum Einsatz, die eine reibungslose Kommunikation mit den Produkten des Unternehmens erwarten und voraussetzen.

Die strategische Stoßrichtung der Somapro GmbH ist also die Erweiterung der Spezialwerkzeuge um Spezialsoftware und passenden, individuellen Schnittstellen.

Ziel: Sowohl hardware- als auch softwareseitig weiterhin der verlässliche Lieferant von individuellen Spezialwerkzeugen zu sein, die noch enger in die Kundenlandschaft integriert sein sollen.

Selbst wenn dies auf den ersten Blick wenige und zudem oberflächliche Informationen zu sein scheinen, können wir davon eine Menge für den Aufbau und die Anforderungen an die IT ableiten. Denn zum bisherigen Status der IT haben wir die für uns wichtigen Informationen erhalten:

Sie ist zentral aufgebaut, vor allem intern tätig und hat bisher nur die eigene Produktion mit passenden Schnittstellen ausgerüstet.

Damit lässt sich schon eine deutliche Aussage über die Zukunft der internen IT treffen: Mit der geplanten strategischen Neuausrichtung wird die IT den Anforderungen nicht mehr gerecht werden.

Was wird IT-seitig notwendig sein?

***Produktverständnis:** Mit der Erweiterung des Angebots um Individualsoftware und Schnittstellen muss die IT stark in die Produktentwicklung integriert werden und ein tiefes Produktverständnis haben.*

***Einbindung in die Wertschöpfungskette:** Die IT verlässt damit die Rolle der Supportfunktion – oftmals ein reines Cost-Center – und wird Enabler, trägt demnach zur Wertschöpfung bei. Das verändert nicht nur das Standing in der Organisation, sondern setzt auch eine andere Budgetplanung voraus.*

***IT-Kundenservice:** Die IT wird einen Service für Endkunden aufbauen müssen. Das setzt erweiterte Kommunikationsfähigkeiten voraus und womöglich auch anderes Personal. Es kann eine dezentrale Organisation der kundenzugewandten Serviceexperten erfordern.*

***Integrationskompetenz:** Die IT wird eine technische Kompetenz zur Integration von OT-Geräten bei Kunden mit ihren Werkzeugen entwickeln müssen. Dazu können komplexe technische Anforderungen zu überwinden sein, um die direkte Verbindung der Netzwerke zu ermöglichen.*

Operational Technology (OT) bezeichnet Hardware und Software, welche die Leistung physischer Geräte überwacht und steuert. Bei der Somapro sind dies im Wesentlichen die Produktions- und Steuerungsanlagen der Werkzeugfertigung und des Lagers.

Daraus lässt sich schlussfolgern: Durch die strategischen Planungen der Somapro GmbH steht die interne IT vor einer Revolution.

Die zukünftige Beirätin hat erkannt, dass eine Neuausrichtung und ein Umbau der IT entscheidend sein werden, wenn die Somapro GmbH am Markt bestehen möchte. Je schneller sie in die strategischen Planungen des Unternehmens eingeweiht wird, umso zielgerichteter wird sie einwirken können und eine professionelle Umsetzungsplanung begleiten und einfordern können.

Was haben wir durch das Vorgehen der Beirätin lernen können?

Zunächst sollten Sie ein Bewusstsein dafür entwickelt haben, dass eine Ersteinschätzung über die Tragweite einer Digitalisierungsstrategie selbst mit sehr wenigen Informationen erfolgen kann. Diese Erkenntnis ist besonders wichtig, da sich viele Unternehmen in monate- oder jahrelangen Analysen verlieren, bevor sie konkrete Schritte einleiten.

Zudem sollten Sie erkannt haben, dass scheinbar kleine Änderungen in der Stoßrichtung des Business gravierende Folgen für die IT-Funktion eines Unternehmens haben können. Unser Beispielunternehmen verfolgt auf den ersten Blick kein spektakuläres Vorhaben: die bestehende Produktpalette um eine digitale, passgenaue Lösung erweitern. Gäbe es bereits eine digitale Sparte im Unternehmen, wäre dieses Vorhaben womöglich zügig umgesetzt. Doch angesichts einer IT, die bisher lediglich eine nach innen unterstützende statt wertschöpfende und nach außen Service bietende Funktion innehatte, werden voraussichtlich weder die bisherigen Strukturen noch die technischen und personellen Fähigkeiten dafür ausreichend geeignet sein.

Wir werden im weiteren Verlauf noch darauf eingehen, wie eine entsprechende IT-Funktion in einem Unternehmen gebaut werden kann und durch welche Charakteristiken sie sich auszeichnet.

Ihr Blick ist nun geschärft, um Abhängigkeiten von Businessmodell und IT bereits aus hoher Flugebene zu verstehen. Sie können aus ebenso weiter Distanz bewerten, inwieweit eine vorhandene IT-Organisation bereits über passende Funktionen verfügt oder auch vorhandene Funktionen überflüssig werden.

Keine Sorge an dieser Stelle. Spätestens durch die folgenden Kapitel sollten Sie genug IT-Grundlagenwissen besitzen, damit Ihnen diese Einschätzung in Zukunft leichter fallen wird.

Unsere angehende Beirätin Anna Huber und der Geschäftsführer der Somapro, Herr Hesch, haben sich in der Zwischenzeit in einem Telefonat zusammengefunden und sich zu einem ersten bilateralen Treffen verabredet.

Die beiden werden sich einig über die Konditionen des Mandates, den sofortigen Startzeitpunkt sowie den Modus der Zusammenarbeit:

- *Anna wird Mitglied des Beirates sein mit einem speziellen Fokus auf Digitales. Sie wird in Beiratssitzungen das Thema führen und auch gegenüber anderen Beiräten vertreten.*

- *Anna wird eine aktivistische Rolle im Unternehmen einnehmen. Neben dem rein beratenden Beirat, wird sie sich aktiv in die Transformationsgestaltung einbringen und Sparringspartnerin für die Geschäftsführung sein.*

- *Anna wird einen besonders starken Fokus auf die Thematik Cybersecurity legen. Sie wird insbesondere in allen angedachten Veränderungen eine entsprechend auszubauende Sicherheitsarchitektur einfordern. Sie wird dies im Rahmen des Beirats ausprägen, aber auch als Sparring für die Geschäftsleitung.*

Zum Start der Zusammenarbeit wird Anna bereits an der nächsten Beiratssitzung teilnehmen, um die neuen Themen der Digitalisierung anzustoßen.

Im Nachgang zur Beiratssitzung wird Anna erweiterten Einblick in die IT-Organisation, -Architektur sowie Audit-Findings der Vergangenheit gewährt. Dadurch sollen Annas erste Erkenntnisse angereichert werden. Die neue Beirätin wird sich überlegen, wie sie aktivistisch auf die Ausgestaltung der nachfolgenden Überlegungen, Planungen, und Umsetzungen einwirken kann. Sie schlägt einen gemeinsamen Erfahrungsaustausch zwischen Geschäftsleitung, IT-Leitung und ausgewählten Fachbereichsleitern unter ihrer Mitwirkung vor. Ihr Ziel? Einen profunderen Eindruck des Reifegrads und des möglichen Vorgehens zu erlangen, wie die Somapro einem detaillierten Handlungsplan erarbeiten kann.

Begleiten wir unsere Beirätin auf den Weg in ihre erste Beiratssitzung.

Kapitel 3: Das Mandat gestalten

Wie kann ein Beirat auf IT und Digitalisierung wirken?

Nur wenige Tage nach der Ankündigung, dass Anna Huber in den Beirat der Somapro GmbH einsteigt, nimmt sie bereits an ihrer ersten Beiratssitzung teil. Ihr Ziel ist das Gremium und seine Mitglieder kennenzulernen, aber auch ihr Zusammenwirken zu erleben und erste Schritte für ein kritisches Hinterfragen der aktuellen IT-Fähigkeiten im Abgleich mit der unternehmerischen Ambition anzustoßen.

Dabei möchte sie das gesamte Managementboard mit ins Boot bekommen. Was bedeutet das konkret? Zunächst muss die Beirätin ein Verständnis dafür schaffen, warum die geplante Neuausrichtung des Business einen potentiell so gravierenden Einfluss auf die IT-Struktur des Unternehmens haben kann. Denn nur dadurch werden die notwendigen Ressourcen geschaffen, um die Unternehmenstransformation erfolgreich zu stemmen.

Die Beirätin möchte verstehen, wie stark der Einblick und das Wissen der anderen Beiratsmitglieder und des Managementboards bereits ausgeprägt ist. Worauf kann sie aufbauen? Muss sie zunächst bei der Verständnisgewinnung anfangen? Oder kann sie offen über ein gemeinsames Review sprechen? Wie kann sie das aus ihrer Rolle als Beirätin anstoßen und einfordern? Wie gewinnt sie genügend Einblick, um das Unternehmen hinreichend kritisch bewerten und beraten zu können? Unzählige weitere

Fragen drängen sie, um ihrem Mandat und der unternehmerischen Ambition gerecht werden zu können.

Unter dem Strich steht die Frage:

Wie kann Anna als Beirätin wirken und gestalten, um die IT und Digitalisierung des Geschäfts nachhaltig in Einklang zu bringen?

Gemäß den Absprachen zwischen der Geschäftsführung und Anna darf und soll sie hierbei eine aktivistische Beiratsrolle einnehmen.

Eine Situation, mit der auch Sie in Zukunft durchaus konfrontiert werden könnten: Sie möchten im Beirat oder gar im noch strikter geregeltem Aufsichtsrat die nötigen strategischen IT-Fragen auf den Tisch bringen, um die Zukunftsfähigkeit Ihres Mandatsunternehmens zu sichern oder zu gestalten. Doch gerade, wenn Sie neu im Mandat sind, kann dieses Vorhaben gründlich schief gehen, sofern andere Mitglieder nicht Ihre Sprache sprechen. Welche Flughöhe eignet sich, um einen ersten Überblick über die IT und seine Fähigkeiten zu erlangen, welche die C-Suite wie auch der Aufsichtsrat oder Beirat bedienen kann?

Gerne liefern wir Ihnen einige konkrete Tipps, die Ihnen helfen mögen, eine passende Flughöhe zu finden. Moderieren Sie – am besten in sukzessiven Schritten über mindestens ein Jahr oder mehr – die folgenden Themenblöcke auf die Agenda des Gremiums:

- **Der Business-IT-Fit**: Wie hängen Business und IT voneinander ab? Unterstützt die IT-Fähigkeit bereits das angestrebte Businessziel? Passt die Skalierbarkeit der IT zum

Geschäft und seiner strategischen Ausrichtung? Baut die IT-Strategie bereits auf die Kernelemente der Businessstrategie und Digitalstrategie auf?

- **Das House of IT**: Wie ist die IT-Funktion im Unternehmen gebaut? Reflektiert sie die strategischen Geschäftsfelder und ihre Ambitionen? An wen berichtet sie? Wie ist die Kollaboration zwischen Business und IT abgebildet? All diese Fragen sollten klar in einem Bild der IT-Funktion reflektiert sein.

- **Das IT Target Operating Model**: Das TOM stellt das ganzheitliche Zukunftsbild der IT dar. Dieses zu entwickeln, setzt voraus, sich mit dem aktuell etablierten Betriebsmodell (auch Operating Model genannt) auseinanderzusetzen. Dieses zu entwickeln, kann die beste Grundlage für ein gemeinsames Verständnis zwischen Beirat bzw. Aufsichtsrat und Management Board sein.

- **Die Transformation-Roadmap der IT**: Jede IT lebt und ist im Idealfall in ständiger Veränderung. Transparenz der Transformation in Form einer Roadmap erlaubt es, eine gemeinsame Sicht auf Umsetzungszeiten und Erfolge zu erlangen. Speziell vor dem Hintergrund deutlicher Weiterentwicklungen des Business und oftmals damit verbunden des TOM, wird eine Transformation-Roadmap eine gute Grundlage darstellen.

- **Die IT-Risiken**: Da IT-Systeme heute für alle Geschäftsprozesse im Unternehmen als Grundlage dienen, gehen von ihnen auch besondere Risiken aus. Das sind beispielsweise der Datenschutz, Compliance-Themen oder auch allgemein die Verfügbarkeit und Verlässlichkeit der Systeme.

- **Die Cybersecurity**: Sie stellt ein besonderes IT-Risiko dar, welches (zu Recht) mehr und mehr Aufmerksamkeit erlangt. Es ist das existenzsichernde und wohl komplexeste Thema, mit dem sich beratende, steuernde oder führende Gremien in Unternehmen beschäftigen müssen. Dieses Thema ist in stark digitalisierten Unternehmen auf nahezu jeder Sitzungsagenda. Das Spektrum ist vielfältig: Wie gut sind wir aktuell gesichert? Wie entwickelt sich die Angriffslage auf unser Unternehmen? Wie sehen unsere Notfallpläne aus? Wie ist unsere Roadmap zur kontinuierlichen Stärkung der Resilienz des Unternehmens vor dem Hintergrund einer steten Zunahme der Bedrohungslage?

Diese Themenblöcke hat auch die Beirätin im Hinterkopf und möchte den ersten Schritt dazu bereits in der ersten Sitzung anstoßen.

In dieser Beiratssitzung legt die Geschäftsführung die Pläne zur Erweiterung des Produktportfolios um vernetzte Werkzeuge sowie Services zur digitalen Integration der Werkzeuge im Wertschöpfungsprozess bei Kunden vor Ort auf den Tisch. Die Beirätin nutzt die Gelegenheit, kritische Fragen zum möglichen Fit der IT zu den Business-Zielen zu stellen.

Wie erwartet, konnten spontan nicht alle relevanten Aspekte verstanden und beantwortet werden. Daher hat die Beirätin angeboten, zusammen mit den Strategieexperten sowie der IT-Leitung eine Fit-Gap-Analyse zum Business-IT-Fit zu entwickeln. Sie möchte sich dabei gerne aktiv einbringen und eine profunde Analyse sicherstellen. Ihr Ziel ist, die Passgenauigkeit (Fit) von Business- und IT-Strategie zu verstehen beziehungsweise die Lücken (Gap) zu erkennen.

Anna gibt dem Gremium zu bedenken, dass aufgrund der umfangreichen Strategieänderungen die IT-Funktion deutlich beleuchtet werden müsse und das Unternehmen daher womöglich vor einer größeren Transformation der IT stehe.

Einigen kritischen Rückfragen alteingesessener Beiräte kann sie spontan gut begegnen und das Potential einer schlagkräftigen IT-Funktion aufzeigen. Kein Argument kann sie von ihrer Bahn abbringen. Wie erwartet ist es nun an der Zeit, das gemeinsame IT-Grundverständnis zu erlangen.

Anna stellt sich die Frage, welche Mittel ihr in der Rolle der aktivistischen Beirätin zur Verfügung stehen, um der Mission des Unternehmens und den Erwartungen der Geschäftsführung gerecht zu werden.

Die möglichen Ausprägungen einer Beiratsrolle sind vielfältig und in der Regel individuell für jedes Unternehmen ausgestaltet. Beim Aufsichtsrat hat die Position einen rechtlichen Rahmen. Viele dieser Mandate sind heutzutage sehr aktivistisch ausgeprägt und oftmals sind die Inhaber von Mandatsrollen über ihr Mandat hinaus im Sparring mit der Geschäftsleitung aktiv involviert.

Einige Ansätze für eine mögliche Beratung, Mitwirkung oder Einwirkung auf das Geschehen im Unternehmen sowie einer Kontrolle aus der Rolle des Beirats heraus können insbesondere im Umfeld der IT, Digitalisierung und Cybersicherheit folgende sein:

- Agenda von Beiratssitzungen beeinflussen und gewünschte Themen platzieren,

- Einfordern von Berichten durch Gäste in Beiratssitzungen, um diese zu sichten und beratendes Feedback geben zu können,
- Einsicht in Auditberichte einfordern, zum Beispiel eines KRITIS (kritische Infrastruktur Deutschlands) Audits,
- Einblick in spezifische Governance-Dokumente anfragen, zum Beispiel den Business Continuity-Plan,
- Einfordern von Transparenz über Performance-Auswertungen der IT und ihren Services,
- Deep-Dive Austausch vorschlagen zwischen CIO, IT-Leiter, Fachbereichsleiter und Beirat,
- Mitwirkung in einem ausgewählten Workshop in definierter Runde zu einem spezifischem Thema, um in besonderem Maße mitgestalten zu können (als Hilfsangebot an das Unternehmen),
- Unterstützung bei der Auswahl von strategischen Partnern,
- vertrautes Beratungshaus als Unterstützung der Geschäftsführung nachdrücklich nahelegen,
- jegliche Form von Maturity Assessments einfordern, zum Beispiel für IT-Sicherheit,
- Einfordern der Existenz von Technologien, Dokumenten oder dergleichen bei der Geschäftsführung, zum Beispiel Incident Response-Plan,
- Vereinbarungen in Beiratssitzungen treffen über die Arbeitsweisen und Methodik zur Erzielung von Ergebnissen,

- Vereinbarungen treffen über Ergebnispräsentationen in Beiratssitzungen über strategisch relevante Konzepte oder Umsetzungen,
- Best Practice-Transfer aus anderen Unternehmungen vorschlagen und gegebenenfalls Türen öffnen und den Austausch moderieren,
- regelmäßig auf Trends und Entwicklungen in den Bereichen IT, Digitalisierung und Cybersecurity hinweisen und auf die Agenda bringen,
- Unterstützung bei Investitionsentscheidungen durch Bewertung der Wirtschaftlichkeit von neuen Technologien,
- als Netzwerker fungieren: Dem Unternehmen Zugang zu einem breiten Netzwerk von Branchenexperten, Partnern und Ressourcen verschaffen, um die Zusammenarbeit und den Informationsaustausch zu fördern.

Nun ist es an Ihnen: An welcher Ausarbeitung zu den großen Themen möchten Sie teilnehmen? In den nächsten Kapiteln werden wir jedem Thema Raum geben und es aus der Rolle eines Beirats betrachten und bewerten.

Wenn Sie sich bereits fit in einem der Themen fühlen, springen Sie einfach zu jenem Abschnitt, den sie vertiefen möchten. Oder Sie lassen sich in den folgenden Kapiteln von unserer Beirätin abholen und mitnehmen – von der Analyse bis zum Umbau der IT. Sie bilden die Grundlage für jedes weitere Vorgehen.

Kapitel 4: IT-Grundlagen – Business IT Fit

Aus Sicht eines Beirates oder Aufsichtsrates ist von hohem Interesse zu verstehen, ob die Fähigkeiten und Zielrichtung einer IT-Funktion das Business bestmöglich unterstützt. Das wollen wir im Rahmen dieses Buches Business IT Fit nennen. Wir reden also von einer strategischen Bewertung der IT aus der digitalen Adler-Perspektive. Das sollte Fragen wie diese beantworten:

- Nahezu alle Prozesse und Veränderungen im Unternehmen sind heute von IT abhängig. Aber, welches ist die Kern-Fähigkeit, welche die Business-Strategie ermöglicht und den Erfolg sicherstellt?

- Wird dieser Kern einer Business-Strategie bestmöglich durch die IT unterstützt?

- Welche Dynamik der Business-Strategie ist erfolgskritisch und bedarf einer IT-Unterstützung?

- Was ist der USP und welche IT-Fähigkeiten ermöglichen diesen?

- Welche weitere Digitalisierung wird angestrebt? Und was bedarf es dazu von Seiten der IT?

- Welche Elemente der Strategie basieren auf Commodities und welche auf Differentiators?

- Was sind die wichtigsten Serviceversprechen des Business an die Kunden, und liefert die IT die dahinterliegenden IT-Services in mindestens der geforderten Qualität?

Der Business IT Fit soll also in Summe einen Eindruck vermitteln, ob das Unternehmen operativ bestmöglich die Geschäftsversprechen unterstützt, aber auch, ob es in seiner strategischen Aufstellung bestmöglich auf die Zukunft ausgerichtet ist.

Inwieweit dies in der Realität der Fall ist, sollte von Zeit zu Zeit immer wieder hinterfragt werden. Dies kann sehr gut im Rahmen einer Fit-Gap-Analyse erfolgen. In unserem Beispiel hatte sich Anna diese fest vorgenommen.

In der ersten Beiratssitzung ist Annas Angebot, bei einer Fit-Gap-Analyse zu unterstützen, auf breite Zustimmung gestoßen. Die Geschäftsleitung hatte daher entsprechende Aktionen veranlasst, um Anna mit Materialien zur Business-Strategie zu versorgen und sie in Kontakt mit dem IT-Leiter gebracht. Anna lässt sich von ihm den Aufbau, die Fähigkeiten und das Liefermodell der IT erläutern. Ebenso hat sie sich ein Bild von der strategischen Entwicklungsrichtung der IT verschafft. Dazu hat sie einige wenige IT-Strategiefolien sowie viele gute Einblicke des IT-Leiters zu Rate ziehen können.

Anna veranschaulicht ihr Denken in einem strategischen Dreieck aus Businessstrategie, IT-Strategie und Digitalstrategie. Die IT-Funktion sollte sich am stärksten auf das fokussieren, was im Zentrum dieser Ecken zu tun ist.

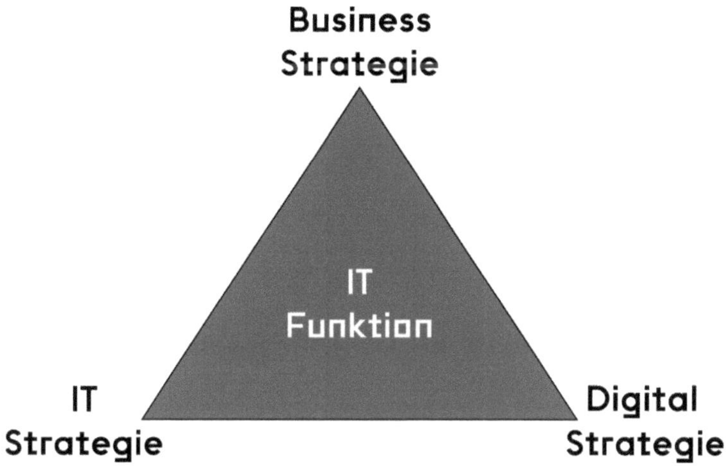

Das soll die Grundlage für alle kommenden Inhalte bieten und schon einige der gestellten Fragen seitens Geschäftsführung und Beirat beantworten. Vor allem aber: Wieso lohnt es sich, immens Zeit in den Aufbau einer businessnahen IT zu investieren?

An dieser Stelle sollten Sie bereits ein Bewusstsein dafür haben, dass eine businessferne IT weder dem Status Quo entspricht noch ein wünschenswerter Zustand in Ihrem Mandatsunternehmen ist. Doch wie sieht ein ideales Zusammenspiel zwischen IT und Business aus?

Kerntreiber einer Businessstrategie sollten in der IT-Strategie abgebildet sein und die IT-Funktion muss die nötige Fähigkeit dazu haben.

Die Digitalstrategie stößt in technologische Richtungen vor, die in der IT-Strategie Umsetzbarkeit finden sollten und die IT-Funktion muss die Fähigkeit dazu haben.

Das mag soweit sehr abstrakt erscheinen. Um es etwas zu veranschaulichen, aber noch generisch zu halten, möchten wir nachfolgend einige Fragestellungen in Richtung einer IT exemplarisch aufführen:

Strategische Stoßrichtung	Fragen an die IT-Funktion
Kostenführerschaft Effizienz steigern Automatisieren Digitalisieren	Ist die IT selbst automatisiert? Hat sie die Fähigkeit, zu automatisieren? Liegt ihre Stärke auf Prozessen?
Differenzierung Time-to-Market Optimierung Schnellste Reaktion	Welchen Servicelevel bietet die IT? Hat die IT interne DevOps Fähigkeiten (starke Zusammenarbeit zwischen Entwicklung und Betrieb)?
Fokussierung Branchenspezifika bedienen Service fokussieren	Spricht die IT die benötigte Fachsprache? Kennt die IT spezifische Fachprozesse?
Wachstum Organisch skalieren Neue Märkte erobern Neue Service-Felder etablieren	Sind meine operativen IT-Einheiten skalierbar? Sind die Systeme skalierbar? Werden Synergien erzielt mit Wachstum?
Digitalisierung Kundenbeziehung stärken/ermöglichen Lieferketten optimieren	Ist in der IT die Demand Fähigkeit stark ausgeprägt? Hat sie starkes Prozesswissen?

Technologiefokus Plattform Business etablieren Data-Business etablieren	Hat die IT Erfahrung und Fähigkeiten in BI (Business Intelligence) oder Data Science? Gibt es Design-Erfahrungen im Plattform-Geschäft?
Qualität steigern Zero-Fehlertoleranz einführen Ausfallsicherheit gewährleisten	Wie sind die Verfügbarkeiten der Systeme? Wie steht es um die Recovery-Fähigkeit? Welchen Reifegrad haben die IT-Prozesse?
M&A Buy-and-build growth Quick PMIs	Hat meine IT Due Diligence Fähigkeiten? Gibt es einen Blueprint für Integrationen? Gibt es spezielle Teams zur Integration?

Einen tieferen Einstieg in die Praxis finden Sie im kommenden Abschnitt. An dieser Stelle gewinnen Sie in erster Linie ein Gespür dafür, welche Fähigkeiten Ihre IT beispielhaft mitbringen muss, um das Businessziel zu erfüllen. Dies wird in Ihrem individuellen Fall viele weitere Faktoren beinhalten. Streben Sie einen engen Austausch zwischen Business und IT an. Und vor allem: Versuchen Sie nicht auf Biegen und Brechen Ihre bestehende IT in das neue Businesskonzept zu integrieren. Es ist keine Seltenheit, dass die etablierten, oftmals Infrastruktur- oder Support-lastigen IT-Strukturen einer innovativen Digitalisierungsstrategie nicht standhalten.

Dies zu erkennen und geeignete Maßnahmen zu treffen, ist der Schlüssel für eine erfolgreiche Umsetzung.

In einem Sparringsgespräch mit der Geschäftsleitung hat Anna einige Praxisbeispiele für den passenden Business-IT Fit vorgestellt. Dabei konnte sie den Bedarf für einen Fit-Gap bei der Somapro unterstreichen.

Nach dem Studium aller Unterlagen und den durchgeführten Einzelgesprächen hat die Beirätin ihre Erkenntnisse in einer Fit-Gap-Übersicht auf einer Seite darstellen können. Diese sollte ausreichen, um in der nächsten Beiratssitzung nötige Schritte zur Optimierung zu besprechen.

Gap 1: Zu wenig Fokus auf strategischer Digitalisierung	*Der Somapro fehlt es auf Makroebene an digitalem Fortschritt, während sie sich stark auf Mikrooptimierung konzentriert. Die IT hat bisher überwiegend Prozesse und Abläufe optimiert, statt das Business selbst.*
Gap 2: Fehlende IoT Kompetenz	*Die Planung, vernetzte Werkzeuge als Standardprodukt der Somapro aufzunehmen, erfordert seitens der IT eine hohe IoT Kompetenz, die bisher nicht aufgebaut wurde.*
Gap 3: Keine außenwirksame IT-Kompetenz	*Bisherige IT-Funktionen waren nach innen gerichtet und Serviceleistungen für die Mitarbeitenden. Es bedarf für das neue Vorhaben an marktgerichteter IT, das die Sprache der Kunden spricht.*
Gap 4: Fehlende Skalierbarkeit	*Die aktuelle Aufstellung der IT ist stark limitiert in ihrem Wachstum. Ressourcen werden ausschließlich intern aufgebaut und es fehlt an strategischen Partnern.*

Gap 5: Wenig strategische Fähigkeiten ausgeprägt	*Die Somapro hat im Moment keine Positionen besetzt, die fähig sind, eine IT-Strategie zu entwerfen und eine IT-Governance zu betreuen.*
Gap 6: Ausschließlicher Fokus auf Betrieb	*Die IT-Belegschaft ist in Aufbau und Ausrichtung vollumfänglich auf den laufenden Betrieb ausgerichtet, anstatt neue strategische Initiativen umzusetzen.*
Gap 7: Veraltete IT-Infrastruktur	*Die aktuelle IT-Landschaft der Somapro ist oftmals veraltet und heterogen in seiner Infrastruktur-Architektur und System-Landschaft.*
Gap 8: Keine OT-Kompetenz	*Die neue Ausrichtung benötigt neben IT auch OT-Kompetenz, die eng mit der IT verknüpft sein sollte.*
Gap 9: Ungenügende IT-Security	*Vernetzung und Kundenintegration erfordern ein erhöhtes Maß an IT-Sicherheit.*
Gap 10: IT nicht auf C-Level repräsentiert	*Die IT soll strategischer Partner werden. Dafür muss sie entsprechend in der Geschäftsleitung vertreten sein.*

Die Fit-Gap-Betrachtung aus der Adler-Perspektive deckt eine deutliche Diskrepanz zwischen der bisher erfolgreich agierenden IT-Funktion unter dem bisherigen operativen IT-Leiter im Vergleich zu der strategischen Ambition der Somapro auf. Jede einzelne Lücke wird betrachtet werden müssen. Aufgrund der vielen, besonders relevanten Lücken wird es einer umfänglichen Transformation der gesamten IT-Funktion bedürfen. Dies löst durchaus Sorgenfalten bei der Geschäftsleitung aus. Neue IT-Funktionen, neue Software, neues Sicherheitskonzept – nichts davon klingt nach einem kostengünstigen Unterfangen. Es ist die Rede davon, erst einmal nur Teilschritte zu vollziehen und nicht alle Konzepte auf einmal anzufassen. Es bahnt sich ein Konflikt zwischen Anna und der Geschäftsleitung an: Anna zeigt unmissverständlich auf, wie stark alle Transformationen miteinander vernetzt sind und sich gegenseitig bedingen. Eine strategische IT aufbauen, die dann kein Wissen in Sachen IoT und OT mitbringt? Sehr kurzfristig gedacht. IT-Security hintenanstellen? Ein No-Go. Sowohl für die Somapro selbst als auch natürlich ihre Kunden. Die Geschäftsleitung macht unmissverständlich klar, dass die Ressourcen begrenzt sind und die Maßnahmen entsprechend angepasst werden müssen. Anna stellt sich darauf ein, dass dieses Thema ein Dauerbrenner sein wird.

In den weiteren Kapiteln des Buches werden wir verschiedene Aspekte der Transformation betrachten – stets aus der Brille eines Beirates oder Aufsichtsrates. Insbesondere werden wir das Thema Transformation durch eine umfängliche Transformations-Roadmap abdecken. Was aber schließt Anna aus den aufgedeckten Lücken?

Anna macht sich Gedanken, um die Fähigkeit der Organisation und die weitere Digitalisierung voranzutreiben. Das beinhaltet insbesondere auch die Frage, ob das Unternehmen bereits alle Potenziale erkannt hat. Aus ihrer Rolle als Beirätin vermag sie nicht tiefer und ergiebiger in die Organisation zu blicken.

Anna schlägt der Geschäftsführung daher vor, eine Reifegradmessung der Digitalisierung durch ein neutrales Beratungsunternehmen vornehmen zu lassen. Sie gibt dem Geschäftsführer ihre Fragestellungen als Briefing mit und empfiehlt einen vertrauten Berater zur Durchführung eines sogenannten Digital Maturity Assessments.

Die Beirätin schlägt vor, mindestens folgende Bereiche durch die Beratung betrachten zu lassen:

- ***Business Model**: Insbesondere die Angreifbarkeit durch digitale Disruptoren, Skalierbarkeit, Datenzentrierung, Kundenzentrierung, ...*

- ***Produktion**: mit Blick auf Grad der digitalen Prozesssteuerung, OT-Geräte Integration, Predictive Maintenance, Grad der Abbildung als Digital Twin, ...*

- ***Vertrieb & e-Commerce**: Grad des virtualisierten Vertriebs, Verlässlichkeit von Produktionsversprechen, Schutz der Kundenschnittstelle gegenüber digitalen Modellen, digital wiederkehrende Umsätze, digital automatisierte Umsätze, ...*

- ***Service-Organisation**: Grad der digitalen Steuerung des Services, Verfügbarkeit von Service in Relation zum Serviceversprechen, Fernservicekomponenten, ...*

- ***Business-Funktionen**: Grad der Digitalisierung und Automatisierung der Finanz und HR-Funktionen, ...*

- ***People & Culture**: Grad der Digital Literacy, Verfügbarkeit des digitalen Arbeitsplatzes, Bereitschaft zu Lernen und Innovieren, dezentrale Arbeitsfähigkeit, ...*

- ***Digital Communication**: Digitale Kanäle der Kommunikation, Präsenz in sozialen Medien, Community Management, ...*

- ***IT & Digital Solutions**: Automatisierungsgrad des IT-Betriebs, Skalierbarkeit der IT, Datenreichtum und Analysefähigkeit, Data Science-Kompetenz, ...*

Auch wenn wir das Ergebnis des Assessments an dieser Stelle nicht im Detail teilen, so werden doch einzelne Erkenntnisse in den folgenden Kapiteln Berücksichtigung finden.

Kapitel 5: IT-Grundlagen – Das Haus der IT

Betrachten wir die IT als eine Fähigkeit eines Unternehmens, so kann sie verschiedene Ausprägungen haben und unterschiedliche Funktionen erfüllen. Ebenso kann der Reifegrad bezüglich der Erfüllung sehr unterschiedlich entwickelt sein.

Wann immer salopp von „der IT" gesprochen wird, ist heutzutage durchaus die Frage berechtigt:

Von welcher IT reden wir genau? Mit kurzem Rückblick auf die Historie der IT ist durchaus nachzuvollziehen, warum sie in vielen Köpfen immer noch die Abteilung – klassischerweise am dunkelsten Ort eines Unternehmens – ist, die sich den ganzen Tag mit Dingen beschäftigt, die andere Abteilungen weder verstehen können noch wollen.

Umgekehrt hat „die IT" häufig nur wenig Interesse daran, dass zu genau nachgefragt wird, was sie eigentlich tut. Sie war über viele Jahrzehnte hinweg ein funktionierender Maschinenraum, der bis heute seine Dienste getan hat.

Sehen wir uns die Evolutionsstufen von IT-Funktionen im nachfolgenden Schema genauer an. Die Rolle der IT hat sich weiter entwickelt wie auch die damit verbundenen Ziele.

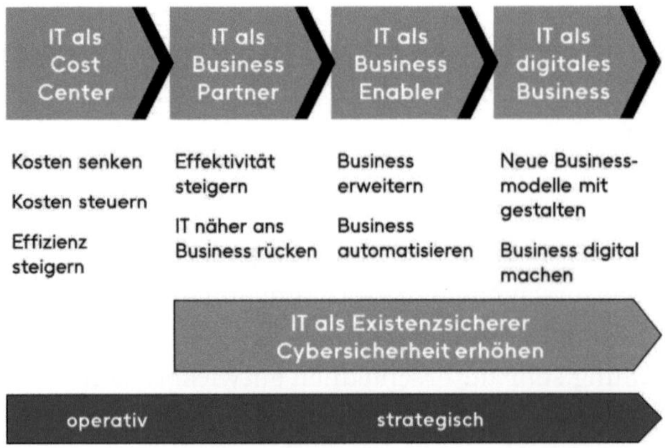

Mit diesem „Maschinenraum" wird spätestens durch das Digitalisierungsvorhaben Schluss sein. Um uns gemeinsam ein Bild der IT im weitesten Sinne zu verschaffen und eine differenzierte Betrachtung zu erlauben, möchten wir Ihnen ein simples und eingängiges Modell an die Hand geben, welches uns durch dieses Buch begleitet: Das Haus der IT.

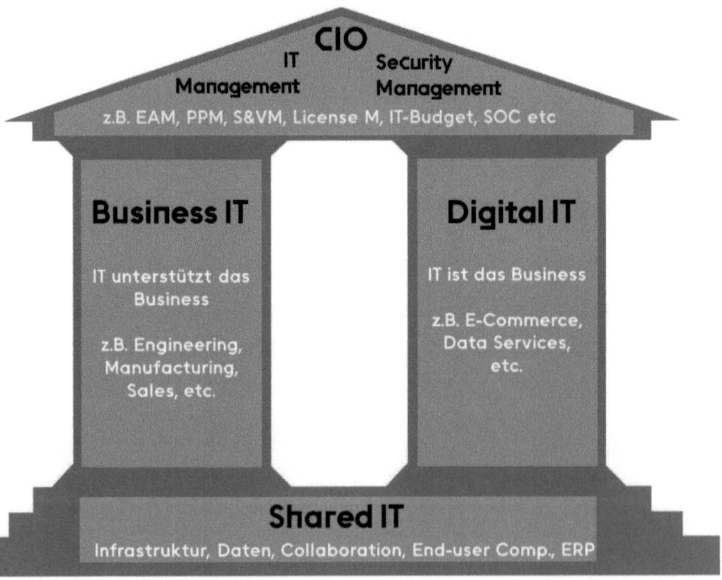

Das Haus der IT fasst viele wesentliche Kernelemente einer funktionierenden und am Business ausgerichteten IT zusammen. Eine spezifische Ausprägung dieses Modells für ein konkretes Unternehmen wird im Ergebnis zu einem hohen Reifegrad einer strategisch fokussierten IT führen.

Es stellt die „IT auf einer Seite“ dar, wie es eine unserer Seminar-Teilnehmerinnen in Augsburg an der Business School charmant formuliert hat. Das Modell wird im Rahmen des Grundlagenwissen für Aufsichtsräte und C-Level-Führungskräfte regelmäßig umfänglich mit realen Erfahrungen Teilnehmender reflektiert.

Schauen wir uns die einzelnen Komponenten dieses Hauses der IT in seiner generischen Form an.

Shared IT: Das Fundament des Hauses

Das tragende Fundament ist die Shared IT. Sie stellt die Basistechnologien bereit, auf denen alles andere im Haus aufbaut. Zu ihren Kernkompetenzen zählen die Bereitstellung von:

- Technischer Infrastruktur (z.B. Netzwerke, Server, etc.),
- die Hoheit über Datenspeicherung, -sicherung, und Backupsysteme,
- End-user-Computing (Bereitstellung von lokalen PCs, Notebooks, Tablets, mobiler Kommunikation und Basis-Software),
- Kollaboration (z.B. die heute üblichen Microsoft-Plattformen zur Zusammenarbeit und Kommunikation),

- ERP- und HR-Systeme zur Sicherstellung aller Geschäftsfunktionen, wie etwa Finanzen, Controlling oder HR (z.B. SAP).

Wie der Name „Shared IT" schon vermuten lässt, sind das jene Funktionen, auf die jeder im Unternehmen angewiesen ist.

Eine weitere Gemeinsamkeit besteht darin , dass diese Art von Funktionen in jedem Unternehmen vorhanden sein müssen und weitestgehend unabhängig vom spezifischen Geschäftsmodell des Unternehmens sind. Es mögen sich die Art und die Mengen der bereitgestellten Dienste, Technologien und Software unterscheiden, dennoch kann das Konzept nahezu 1:1 auf jedes Unternehmen übertragen werden.

Business IT: Die IT für das Kerngeschäft

Hierunter finden wir jene IT, die sich dem spezifischen Geschäftsmodell des Unternehmens widmet. Sie ist haargenau auf das Business zugeschnitten und unterstützt dieses mit allen digitalen Mitteln. Die Business-IT ist voll und ganz darauf ausgerichtet, das bestehende Business zu betreiben.

Gute Beispiele für diese IT-Funktion sind typischerweise die größten Kernsysteme des Geschäftes, also beispielsweise Produktionssysteme, Engineeringsysteme, Automatisierungslösungen oder Tools zur Prozessverbesserung. Bei Handelsunternehmen ist es das Handels- und Warenwirtschaftssystem, im Falle eines Krankenhauses das Krankenhausinformationssystem, und so weiter. Aber auch Vertriebs- und Kundensysteme gehören in diesen Bereich.

Eine gut aufgestellte Business-IT spricht die Sprache ihres Business, benutzt ihr Fachvokabular und kennt die Arbeitsprozesse. Oftmals umfasst eine Business-IT spezielle Rollen dafür, wie etwa der Business Analyst. Sie bilden die Schnittstelle zwischen Business und IT und fungieren als Übersetzer.

Je mehr ein Geschäft im Wandel ist und je digitaler es ausgerichtet wird, umso wichtiger ist eine gut aufgestellte Business-IT. Eine solche aufzubauen ist das Ziel vieler Unternehmen, die ihre Digitalisierung vorantreiben. Sie betrachten ihr bestehendes Business und kombinieren dieses mit den technologischen Möglichkeiten der heutigen Zeit.

Eine Business-IT ist von ihrer Idee wie auch von ihrem Setup her im Stande, „ihr" Business bestmöglich zu beraten, wie es sich noch digitaler, effizienter und automatisierter aufstellen kann. Die Business-IT hilft also bei der Optimierung des Geschäfts.

Im Gegensatz zur Shared IT besteht hierbei ein hoher Individualisierungsgrad bezogen auf das spezielle Business. Die konkrete Ausprägung in einem spezifischen Unternehmen ist meist sehr individuell.

Digital IT: Hier wird Business gemacht

Unsere zweite Säule könnte auch die zweite Form der Digitalisierungsmöglichkeit repräsentieren. Denn ihre Aufgabe ist es, digitale Geschäftsfelder zu betreiben oder gar neu zu kreieren. Die IT selbst wird zum Produkt – statt andere Produkte zu unterstützen. Das könnte auch als die Paradedisziplin der Digitalisierung bezeichnet werden. So ist es das Ziel dieser IT-Funktion, einen eigenen Gewinn zu erwirtschaften.

Typische Beispiele für das Geschäft einer Digital-IT kommen aus dem E-Commerce, insbesondere der Betrieb von Online-Geschäften. Des Weiteren werden immer mehr Daten eines Unternehmens zum Geschäft selbst. So werden beispielsweise Datenbereitstellungsservices als Geschäftsfeld entdecket.

Durch den Zuwachs an Technologien, die den Markt erobern, gibt es immer wieder neue Geschäftszweige zu erschließen. Eine gut ausgebaute Digital-IT hat dies fest im Blick, bleibt am Puls der Zeit und kann eine Vorreiterrolle auf dem Markt einnehmen. Sie stellt auch jene Funktion dar, die am schwersten nach einem generischen Schema aufgebaut werden kann. Wichtig ist, dass eine tiefgreifende Zusammenarbeit zwischen bestehendem Business und der Digital-IT ins Leben gerufen wird, um Potenziale erkennen zu können.

IT-Management & Security-Management: Die strategische Steuerung der IT und der Schutz des Unternehmens

Unser Dach des Hauses der IT sorgt im übertragenden Sinn dafür, dass es stabil steht und es nicht hineinregnet. Wir wollen unsere gesamte IT strategisch steuern und das Unternehmen gegen IT-Risiken ausreichend schützen.

Das IT-Management wird vom CIO als oberste Leitung der IT angeführt. Unter dem IT-Management verstehen wir alle fachlich strategischen Steuerungsfunktionen der IT. Dazu gehören insbesondere

- das Architekturmanagement, oder auch Enterprise Architecture Management (EAM),
- des Weiteren das Management des Portfolios aller Projekte, auch Project Portfolio Management (PPM),

- die Steuerung der externen IT-Leistung durch eine spezielle Funktionalität, dem Sourcing & Vendor Management (S&VM),

- eine besondere Form nehmen der sensible Bereich der Lizenzen ein, bei dem es besondere Compliance-Anforderungen gibt, oftmals License Management genannt,

- die Überwachung der Finanzen, also insbesondere das IT-Budget, gehört ebenso unter das Dach des Hauses.

Je nach Größe der Unternehmung sind alle diese Funktionen des IT-Managements oftmals in einem sogenannten CIO-Office zusammengefasst.

Eine besondere Relevanz kommt dem IT-Security-Management zu. Auch dieses ist in unserem Modell im Dach verankert. Es handelt sich dabei um eine Kompetenz, die ein besonderes Augenmerk und Repräsentanz in der Organisation erfordert. Es ist unabdingbar, hierzu hochspezialisierte Expertise vorzuhalten und mit Governance-Rechten zu versehen. Die IT Security ist eine Service- und Governance-Funktion und wird Vorgaben an alle anderen IT-Bereiche wie auch an das Business vornehmen.

Ein vollumfängliches und gut durchdachtes IT-Security-Konzept ist Pflicht. Sie sind schon jetzt an den Gründen dafür interessiert? Wir gehen in der zweiten Hälfte des Buches verstärkt auf IT-Security-Themen ein.

Zusammengefasst behält das IT-Management & Security-Management das Unternehmen auf sicherem, digitalem Kurs.

Wie steuert eine Unternehmensführung die verschiedenen Komponenten des Hauses? Oftmals wird diskutiert, ob die IT eine Overhead-Funktion sei oder der Wertschöpfung zuzurechnen ist, ob sie ein Cost-Center sei, ob die Kosten verrechnet werden sollten. Bei all diesen Aspekten sollte stets an erster Stelle gefragt werden, von welcher IT wir sprechen.

In der folgenden Tabelle stellen wir die verschiedenen Komponenten gegenüber und schlagen idealtypische Steuerungsansätze vor.

Komponente & Funktion	Steuerung
Business IT IT-seitige Unterstützung des Kerngeschäfts in seiner Sprache mit spezifischen Lösungen für das Geschäftsmodell	**Wertorientiert** Steuerung gemäß Wertbeitrag
Digital IT Eigener Geschäftszweig mit Beitrag zum EBIT. Die IT erbringt hier das Geschäft.	**Gewinnorientiert** Steuerung gemäß Gewinnerwartung
Shared IT Bereitstellung aller Basistechnologien sowie unternehmensweiten Software- und Technologie-Plattformen	**Kostenorientiert** Steuerung auf Kostenoptimierung
IT-Management Security Management Sicherstellung der Zielqualität und Zuverlässigkeit der gesamten IT sowie das strategisch sinnvolle Maß an Security	**Budgetorientiert** Steuerung gemäß strategisch gewünschtem Invest

Eine IT wird in der Regel als eine eigenständige IT-Organisation im Unternehmen abgebildet. Davon geht auch das Haus der IT aus. Neben all der IT, welche in der dedizierten IT-

Organisation Abbildung findet, gibt es oftmals auch dezentral in Geschäftseinheiten Elemente von IT-Funktionalität. Diese ist oftmals erwünscht und mindestens ebenso oft auch unter dem Radar der obersten Führung. Häufig nennt man dies auch Schatten-IT.

Im Grundsatz geht der Trend immer mehr zu stärkerer Dezentralisierung, und die Verzahnung von Business und IT nimmt immer mehr zu. Das ist äußerst hilfreich und sinnvoll. Um allerdings die IT ganzheitlich sicher betreiben zu können, wird die oberste IT-Leitung stets auch ganzheitlich auf alle IT schauen müssen – auch dann, wenn sie nicht in der eigenen Organisation abgebildet ist. Dies gilt insbesondere im Falle der IT-Security.

Randbemerkung: Oftmals werden heutige IT-Organisationen nicht mehr IT genannt. Da solche Organisationen viel mehr als nur reine IT enthalten und nicht selten eine flächendeckende Kompetenz des Geschäftes beinhalten, hat sich heute weitgehend der Begriff Digital Solutions oder auch Digital Technology durchgesetzt.

Das Haus der IT gibt ein generisches Modell an die Hand. Was aber kann dieses Modell für die Somapro bedeuten?

Die Beirätin hat gemeinsam mit der Geschäftsführung auf die IT-Funktionen der Somapro GmbH geblickt und schnell festgestellt: Die IT muss umstrukturiert werden.

Als Beirätin ist es nicht ihre Aufgabe, eine Detailplanung der neuen IT für das Unternehmen auszuführen. Dennoch kann sie an diesem Punkt entscheidend einwirken, wenn sie die richtigen Fragen stellt und auf mögliche Lösungen hinweist.

Bisher hat die Somapro GmbH vor allem eine historisch gewachsene und starke IT-Infrastruktur. Des Weiteren gibt es einen Applikationsbereich, der alle Unterstützung der Fertigung zur Verfügung stellt. Eine spezielle OT-Kompetenz für die eigenen Produktionsgeräte sowie ein IT-Security-Beauftragter sind Teil der Infrastruktur.

Die Neuausrichtung soll die Organisation klar am Business ausrichten und auch die neuen, visionären Ideen des angestrebten Geschäftsmodells reflektieren.

***IT-Management:** Steuerung gehört in die Geschäftsleitung*

Bislang war die Somapro mit einem recht operativen, aber versierten IT-Leiter gut aufgestellt. Aufgrund der strategischen Relevanz der IT und Digitalisierung vor dem Hintergrund des erweiterten Geschäftsmodells verlangt die Beirätin, die Rolle eines CIO zu etablieren. Die CIO-Rolle soll Teil der Geschäftsleitung werden, um alle strategischen Themen in und aus der eigenen Organisation bedienen zu können.

Des Weiteren soll ein CIO-Office mit den essenziellen IT-Management-Fähigkeiten aufgebaut werden. Die Anforderungen an eine stringente IT-Architektur werden zunehmen.

***Digital IT:** Der Digital Integration Service*

Die Somapro möchte in Zukunft auch digitale Services an Endkunden anbieten. Dies soll insbesondere die Integration von Werkzeugen vor Ort in die Produktionslandschaft des Endkunden sein und entsprechende Beratung dazu. Dies ist ein typischer Fall einer Digital-IT.

Eine solche Fähigkeit ist bislang nicht vorhanden und auch nicht durch eine Organisation abgebildet. Das heißt, diese Säule kann und muss neu errichtet werden. Da sie einen wesentlichen Beitrag zur zukünftigen Wertschöpfung des Unternehmens leisten wird, sollte ein entsprechend hohes Budget zum Aufbau dieser Säule zur Verfügung gestellt werden. Die Besetzung muss mit Personen erfolgen, die ein tiefes Markt- und Produktverständnis besitzen, keine Scheu vor Kundenkontakt haben und zugleich technische Visionäre sind.

***Business IT:** Der Werkzeugbau*

Ebenso ist ein Auf- und Ausbau dieser Säule im Zuge der Neuausrichtung wichtig. Insbesondere durch die schnelllebigen Kundenanforderungen ist eine stetige Optimierung der eigenen Prozesse und Produktentwicklung entscheidend – auch, um neue Marktpotentiale zu erkennen und frühzeitig zu bedienen. Rollen wie Business Analysts und Solution Architects sollten im Zuge der Umstrukturierung der IT unbedingt mitgedacht werden.

Im Wesentlichen werden bei der Somapro alle Systeme und Kompetenzen rund um den Werkzeugbau ihre Heimat finden: von Engineering, Fertigung und Vertrieb bis Ersatzteile und Wartung sowie Logistik.

***Security Management:** Der Schutzschild*

Speziallösungen mit Spezialschnittstellen? Das ruft vor allem ein Thema auf den Plan: Cybersecurity. Jede Kundenintegration bedeutet eine Schwachstelle mehr und sollte unbedingt vom Unternehmen Somapro mit einer dedizierten IT-Security aufgefangen werden. Dies dient nicht nur dem Wohle der eigenen Firma, sondern wird auch feste Voraussetzung auf der Kundenseite sein, um eine Zusammenarbeit mit Unternehmen zu ermöglichen.

Shared IT: *Die Basisversorgung*

Diese Funktion kann im ersten Schritt weitgehend aus den vorhandenen Kompetenzen der Infrastruktur sowie dem vorhandenen Desktop-Service zusammengebaut werden. Ein spezielles SAP-Team mit allen Kompetenzen für die ERP- und HR-Landschaft ist bereits vorhanden und wird ebenso die Shared-IT reflektieren.

In nur wenigen Stunden konnte die Beirätin aufzeigen: Das neue Businessvorhaben benötigt einige neue IT-Funktionen. Da diese auch gemeinsam erarbeitet wurden, ist die gesamte Geschäftsführung an Bord. Die Architektur des Hauses steht.

Mit Blick auf das Haus der IT haben Sie bereits wesentliche Eckpfeiler für den Neuaufbau der IT erkannt. Reflektieren Sie diese Herangehensweise auf Ihren individuellen Fall. Gleichen Sie ab: Wie ist die Grundstruktur der IT? Welche Funktionen sind bereits besetzt? Wo lassen sich Kompetenzen womöglich erweitern? Und wo braucht es einen Neuaufbau? Damit sind Sie gut gerüstet, um ein solides IT-Fundament in die Wege zu leiten.

Kapitel 6: IT-Grundlagen – Das IT Target Operating Model

Die Beirätin und die Geschäftsleitung sind sich einig über die Architektur des Hauses. Nun steht bei Somapro die Frage im Raum: Wie bauen wir dieses Haus auf? Wie implementieren wir die neuen Funktionen? Welche Fähigkeiten benötigen wir dazu?

Im Rahmen einer Beiratssitzung schlägt Anna dem Gremium und der Geschäftsleitung vor, ein umfassendes Target Operating Model (TOM) für die IT zu erstellen. Ein TOM für die IT soll alle relevanten Fragestellungen im Zusammenhang beantworten und ein gemeinsames Zielbild schaffen.

Ein Target Operating Model sollte jedes Unternehmen haben, welches sich mit Wandel und Transformation konfrontiert sieht. Es ist das ideale Modell und Werkzeug, um eine gemeinsame Sprache und ein Zielbild zu entwickeln. Es ist das verbindende gemeinsame Element, welches Aufsichtsrat bzw. Beirat, die Geschäftsführung, das IT-Management und relevante IT Governance-Funktionen teilen.

Wenn Sie sich dem Thema IT TOM widmen wollen, sollte Ihnen bereits der Status Quo der IT in Ihrem Unternehmen sowie die strategische Stoßrichtung des Geschäftsmodells und der Geschäftsentwicklung bewusst sein. Dies kann beispielsweise mit den Instrumenten der Fit-Gap-Analyse zum Business-IT Fit sowie dem Haus der IT gelingen, wie in den beiden vorangegangenen Kapiteln vorgestellt.

Dann ist der richtige Zeitpunkt gekommen, sich die Frage zu stellen, wie wir von unserer aktuellen IT-Organisation zu unserer neuen, auf das Business ausgerichteten IT, kommen. Viele wünschen sich an dieser Stelle einen fix und fertigen Bauplan. Ein Template und ein Vorgehensmodell, die sich auf alle Eventualitäten anwenden lassen und die ganze Sache so einfach und unkompliziert wie möglich machen.

Leider müssen wir Sie enttäuschen: Auch dieser Schritt wird Ihnen einiges abverlangen, wenn Sie das Unternehmen vernünftig begleiten wollen. Anders als in vielen anderen Disziplinen, wie etwa HR oder Einkauf, ist die Vielfalt möglicher TOM-Ausprägungen in der IT deutlich breiter.

Doch bevor wir ins Detail gehen, möchten wir zunächst ein gemeinsames Verständnis schaffen, was wir unter einem IT TOM verstehen wollen:

IT TOM

Das Target Operating Model definiert die strategischen Ziele, organisatorischen Strukturen, Prozesse, Technologien und Fähigkeiten, die benötigt werden, um eine effektive und effiziente IT-Funktion aufzubauen und zu betreiben. Es hilft dabei, eine klare Vorstellung von der optimalen IT-Organisation, dem Sourcing-Schnitt und den erforderlichen Abläufen zu entwickeln, um die Geschäftsziele des Unternehmens bestmöglich zu unterstützen. Es dient als Blaupause für die Gestaltung und Umsetzung von Veränderungen in einer Organisation.

Wir sehen also: Das IT TOM ist der Bauplan für unser neues Haus der IT. Jetzt dürfte Ihnen auch bewusst werden, warum dieser sehr individuell auf Ihr Mandatsunternehmen zugeschnitten werden muss.

Da es dennoch nicht besonders gut nachvollziehbar wäre, über einen abstrakten Plan für ein nicht existierendes Unternehmen zu sprechen, schauen wir uns am besten an, wie so ein IT TOM exemplarisch für ein Unternehmen strukturiert sein kann:

IT Target Operating Model: Beispielhaftes Inhaltsverzeichnis

/1/ Digital Solutions	/7/ M&A Integration Model
/2/ Vision & Mission	/8/ IT Security
/3/ IT Management	/9/ Technology Principles
/4/ Commercial Model	/10/ Capability Model
/5/ Service Model	/11/ Retained IT
/6/ Sourcing Model	/12/ Transformation Roadmap

Zwar gehen wir in den folgenden Kapiteln auf einige dieser Punkte im Detail ein, möchten Ihnen aber dennoch schon an dieser Stelle eine kurze Erläuterung zu den Inhalten unseres exemplarischen TOMs geben:

1. **Digital Solutions**: Aus der IT wird „Digital Solutions", um die Neuaufstellung der IT sowie ihre veränderte Relevanz im Unternehmen zu betonen. Oftmals werden der Verantwortungsbereich, der Scope, und auch die Rolle der IT deutlich verändert. Dies geht recht oft mit einer Umbenennung einher. Hierbei soll der fachliche und der prozessuale Scope der zukünftigen Organisation definiert werden.

2. **Vision & Mission**: Festlegung einer konkreten Zielvision und -mission für die IT. Hierzu eignen sich kurze,

spezifische Statements, die die Leitplanken für jedes weitere Vorhaben liefern. Eine gute gemeinsame Sprache vom Beirat bis zum operativen Techniker.

3. **IT-Management**: Festlegung der relevanten Komponenten zur Steuerung der neuen IT, z.B. EAM, PPM, und ihrer Ausprägung in der Organisation.

4. **Commercial Model**: Festlegung der kommerziellen Steuerung, beispielsweise als Cost-Center, Profit-Center oder auch Modellen wie Cost-plus-Fee sowie möglicher Verrechnungen an das Business. Bei internationalen Organisationen kommen insbesondere steuerliche Modelle hinzu, um landesspezifische Wertschöpfungen abzugrenzen.

5. **Service Model**: Ausgestaltung der Service-Erbringung. Hierbei geht es um Fragen wie: Welche Services müssen vor Ort erbracht versus können zentralisiert erbracht werden? Wieviel Support brauchen Fertigungsstätten oder Bürostandorte? Welche Supportkanäle sollen genutzt werden (z.B. Ticket, Chat, Bot, Telefone etc.)?

6. **Sourcing Model**: Festlegung von Make-or-Buy-Entscheidungen und ihrer Ausgestaltung. Split der Beschaffung zwischen IT und OT. Wo können Managed Services zum Einsatz kommen? Wo wird mit Staff-Augmentation gearbeitet? Welche Vertragsmodelle sollen eingesetzt werden (Input- versus Output-basierte)? In einem späteren Exkurs werden wir hierauf noch weiter eingehen.

7. **M&A Integration Model**: Festlegung des IT-Vorgehens im Falle der Eingliederung weiterer Unternehmen und ihrer IT-Landschaft, von Due Diligence bis Post-merger-

Integration. Oftmals ist auch der umgekehrte Fall eines Carve-Outs analog beschrieben.

8. **IT Security**: Definition einer Security-Strategie und daraus folgende Sicherheitsstandards für die IT (z.B. Zero Trust) wie auch die organisatorische Ausgestaltung. Im weiteren Verlauf des Buches werden wir hierauf vertieft eingehen.

9. **Technology Principles**: Oft können bereits auf TOM-Ebene erste Eckpfeiler einer technologischen Ausrichtung definiert werden (z.B. Cloud-first-Strategie, Mobile-first-Strategie etc.). Das hilft in der Detailgestaltung den operativen Teams.

10. **Capability Model**: Eine Landschaft der IT-Fähigkeiten zur Abdeckung der Geschäftsfähigkeiten wird häufig als ein Capability Model erarbeitet. Dies dient der Sicherstellung, dass ein guter Fit und wenig Gap zwischen der Business- und der IT-Strategie besteht.

11. **Retained IT**: Hier wird die Organisation der internen IT geformt. Sie resultiert aus den Entscheidungen zum Sourcing sowie dem IT-Management und vielen weiteren Aspekten aus dem Capability Model.

12. **Transformation Roadmap**: Fahrplan zur Umsetzung der im TOM definierten neuen IT, welcher sowohl eine Zeitachse wie auch Aktivitäten enthält und daher das Zielbild greifbar macht.

Die Geschäftsleitung ist überzeugt vom IT TOM. Einfach nachzuvollziehen, gang- und messbare Schritte, klare Aufgaben-

verteilung. Am besten sofort loslegen, heißt es, und das Modell 1:1 übernehmen.

Die Beirätin bremst aus. Denn: das IT TOM ist kein allgemeingültiges Modell. Es bedarf an Zuschnitt auf das Unternehmen, auf den Status quo und die Zielvision. Das braucht erneut jede Menge Köpfe, die sich mit den Strukturen und Prozessen im Unternehmen auskennen. Für die Initiierung eines TOMs bietet die Beirätin ihre Unterstützung an. Sie möchte Impulse setzen.

Für die Erstellung empfiehlt sie dem Geschäftsführer, einen externen CIO zu beauftragen, um mit breiter Expertise alle Anforderungen und Impulse zu einem TOM zu verarbeiten. Dabei ist ihr wichtig, dass dieser CIO unabhängig von aller Historie und frei von Berührungsängsten im Schulterschluss mit Geschäftsleitung und Beirätin agiert und gemeinsam mit ausgewählten Führungskräften der IT das TOM ausarbeitet.

Der Geschäftsführer folgt der Empfehlung der Beirätin und beauftragt eine externe CIO. Charlotte besitzt umfangreiche Erfahrungen bei Transformationen von Unternehmungen und hat daher bereits einige IT TOM entwickelt. Sie verfügt über einen breiten Fundus an Beispielen, um zügig voranzukommen. Sie ist die ideale Besetzung für diese Projektarbeit, wobei der Geschäftsführer bereits die Hürden und Aufwände der Umsetzung im Hinterkopf hat.

In einer ersten Abstimmung mit Geschäftsführung, Beirätin und IT-Leiter zum IT TOM stellt Charlotte zunächst verschiedene Beispielmodelle vor, um daraufhin die relevanten Elemente für die Somapro zu identifizieren.

Ausgangspunkt der Betrachtung ist das Ergebnis der zuvor erstellten Fit-Gap-Analyse. Wo immer eine Handlungsnot identi-

fiziert wurde, muss eine neue Lösung her. Ebenso setzt das Haus bereits Eckpfeiler.

Im ersten Schritt wird sich Charlotte auf die folgenden Themenblöcke des TOM fokussieren:

- *Vision und Mission für die IT,*
- *IT-Management,*
- *IT Sourcing-Strategie,*
- *IT Security,*
- *IT Capabilities,*
- *Transformation-Roadmap.*

Sofern im weiteren Verlauf der Ausgestaltung weitere Aspekte wichtig werden, sollen diese sukzessive im TOM angereichert werden.

Charlotte wie auch Anna wird schnell klar: Es fehlt noch an Detailausarbeitungen zu den einzelnen Punkten. Es sollen noch eine Vielzahl von Abstimmungsrunden zwischen den beiden Expertinnen wie auch der Geschäfts- und IT-Leitung folgen.

Wie hat nun die Somapro GmbH ihr ganz individuelles TOM definiert? Charlotte und Anna haben sich nach den einzelnen Abstimmungsrunden und Deep Dives zu den Fokusthemen erneut zusammengesetzt, um das TOM zu finalisieren. Zunächst blicken sie auf eine gemeinsame Vision und Mission der neuen IT-Organisation für das Unternehmen, die den Ausgangspunkt für alle weiteren Punkte des TOMs darstellen:

Vision der Somapro-IT
Die IT wird zum geschätzten Geschäftspartner für Digitalisierung und Technologie, indem wir wertsteigernde digitale Services für unser Unternehmen und unsere Kunden anbieten und als smarter Geschäftsinnovator agieren.

Mission der Somapro-IT

Unser Hauptaugenmerk liegt auf der Bereitstellung von Anwendungen und Lösungen für das Somapro-Geschäft entlang der gesamten Wertschöpfungskette, um unter finanziellen Zwängen bestmöglichen Mehrwert zu schaffen.

Die IT übernimmt die volle Verantwortung für den gesamten Lebenszyklus aller Dienstleistungen, erzielt Synergien über das gesamte Landschafts- und Lösungsspektrum, agiert als integraler Bestandteil unserer Betriebsteams und verwaltet aktiv das damit verbundene Budget.

Die IT wird Dienstleister für Somapro-Kunden. Die Erweiterung des Wirkungsbereiches nehmen wir mit großem Respekt und großer Verantwortung an. Wir integrieren mit und für unsere Kunden die neuen digitalen Werkzeuge der Somapro.

Wir setzen die Bedürfnisse der Menschen an erste Stelle, konzentrieren uns mit unserem internen Team auf das Kerngeschäft, das IT-Management und Lösungskompetenzen. Für die Bereitstellung und Innovation nutzen wir professionelle Sourcing Partner.

Dies im Hinterkopf behaltend, widmen sich die beiden den Exkursthemen, die ebenfalls in das TOM aufgenommen werden.

Exkurs: IT Sourcing

Eine umfassende strategische Neuausrichtung in einer Organisation, die vor allem auch die IT betrifft, wirft über kurz oder lang die Frage auf: Woher bekommen wir die notwendigen Ressourcen dafür? Finden wir diese bereits Inhouse? Müssen wir diese neu einstellen bzw. beschaffen? Oder sind wir mit dem Heranziehen eines externen Dienstleisters besser aufgestellt?

Schon befinden wir uns mitten im Thema: das Sourcing der IT. Um herauszufinden, welche Sourcing-Strategie für das Vorhaben eines Unternehmens die passende ist, gilt es, einige Faktoren zu beachten.

Was ist das Ziel des Sourcings?

Das Thema Sourcing ist insbesondere für Aufsichts- und Beiräte ein Besonderes – denn es ist mitunter der wichtigste Stellhebel, um die IT maßgeblich auf das neue strategische Ziel auszurichten, aber auch, um Risiken zu minimieren. Wie auch bei der strategischen Stoßrichtung können unterschiedliche Ziele mit Sourcing verfolgt werden.

Dementsprechend gibt es unterschiedliche Interessenslagen, die ein Aufsichtsrat bzw. Beirat berücksichtigen sollte. Folgend möchten wir Ihnen einige Beispiele für unterschiedliche Ziele nennen, die durch Sourcing verfolgt werden können:

- **Kosten und Effizienz**: Ein effektiver Sourcing-Split soll sicherstellen, dass die IT-Ressourcen und Services kosteneffizient eingesetzt werden. Ein Aspekt kann die Auslagerung einzelner Aufgaben oder Services sein.

- **Skalierbarkeit und Agilität**: Das Sourcing sollte es dem Unternehmen ermöglichen, die angestrebte Skalierung des Geschäftes (Wachstum: organisch versus anorganisch, Schrumpfung etc.) schnell und günstig abbilden zu können. Agilität kostet Geld. Sie sollte genau dort vorhanden sein, wo sie unmittelbar zum Unternehmenswert und der Wertschöpfung beiträgt. Und eben nicht, wo ein standardisiertes Prozessvorgehen günstiger und ausreichend ist.

- **Kapazitäten und Expertise**: Das Sourcing sollte sicherstellen, dass das Unternehmen über die erforderliche Expertise und die Kapazitäten verfügt, um seine IT-Anforderungen zu erfüllen. Dies kann bedeuten, dass bestimmte kritische Aufgaben intern erledigt werden müssen. Der Zugang zu IT-Ressourcen unter deutlichem Fachkräftemangel als Anwendungsunternehmen kann indes schwierig und teuer sein. Sehr gute IT-Fachkräfte können sich den Arbeitgeber aussuchen und werden sich in der Regel nicht von selbst bewerben.

- **Kernkompetenzen**: Der Aufsichtsrat bzw. Beirat wird darauf achten, dass sich sein Mandatsunternehmen auf diejenigen Bereiche konzentriert, in denen es sich auf dem Markt wirklich vom Wettbewerb differenziert. Die Bereiche, die nicht zu den Kernkompetenzen gehören, können potenziell ausgelagert werden, um Ressourcen freizusetzen.

- **Risikomanagement**: Der Sourcing-Split ermöglicht es dem Unternehmen, Risiken zu diversifizieren. Wenn ein Dienstleister Probleme hat, sind nicht alle Ressourcen betroffen. Oftmals werden sogar mehrere Dienstleister für ein aktives Risikomanagement eingesetzt. Ein anderer Aspekt des Risikomanagements ist die Trennung von „Gewalten".

- **Kontrolle und Transparenz**: Interne Ressourcen bieten dem Unternehmen oft eine größere Kontrolle und Transparenz, insbesondere bei sicherheitskritischen Aufgaben. Andererseits kann die Vergabe von Rechten und Rollen aus Sicherheitsgründen extern verlagert werden, um internem Missbrauch vorzubeugen. Hierbei gibt es kein Richtig oder Falsch. Aber es ist in jedem Fall ein kraftvolles Instrument eines Aufsichtsrates oder Beirates, um eine Kontrolle fest zu etablieren.

- **Personalstärke**: In einigen Unternehmen wird als ergänzende Komponente auf die Personalstärke gesondert geachtet. Dies ist insbesondere in börsennotierten Unternehmen großer Indizes der Fall. Hierbei spielt auch die FTE-Anzahl im Vergleich zu Benchmarks anderer Marktbegleiter der Branche oder des Index eine Rolle. Outsourcing wird dabei gelegentlich als ein Mittel zur Reduktion der Personalstärke verwendet.

Vom Ziel zum passenden Sourcing-Modell und Sourcing-Split

Typischerweise wird das Sourcing-Modell im Rahmen einer TOM-Entwicklung erarbeitet. Das Sourcing-Modell steht im engen Kontext zu vielen anderen Dimensionen eines TOMs, insbesondere auch zur Organisation der IT-Funktion, ihrer Fähigkeiten und ihres Leistungsversprechens.

Beim Sourcing-Split in der IT-Wertschöpfung geht es darum, dass Unternehmen die Beschaffung von IT-Dienstleistungen aufteilen und diese bei verschiedenen Anbietern beziehen. Dadurch sollen beispielsweise Kosten gesenkt, die Qualität verbessert oder Abhängigkeiten von einzelnen Anbietern reduziert werden.

Dabei können sowohl externe IT-Dienstleister zum Einsatz kommen als auch interne IT-Funktionen. Der Sourcing-Split bezieht sich darauf, wie ein Unternehmen entscheidet, woher es seine IT-Services bezieht. Anders formuliert: Der Sourcing Split in der IT entspricht der Wertschöpfungstiefe des Unternehmens in der Erbringung der IT-Leistung.

Der Schlüssel zu einem passgerechten Sourcing-Modell liegt darin, die richtige Balance zu finden, die Kosten, Effizienz, Skalierbarkeit, Agilität und Kontrolle berücksichtigt. Ein zu hoher Grad an Inhouse-Sourcing kann teuer sein und Ressourcen binden. Oftmals lassen sich die benötigten Ressourcen für vakante Stellen auch schlicht nicht für das eigene Unternehmen begeistern und damit nicht rekrutieren.

Ein zu hoher Grad an externem Sourcing beeinträchtigt die Kontrolle und Anpassungsfähigkeit des Unternehmens. Es bringt das Unternehmen zwangsweise nahe an den Standard des Zulieferers und reduziert damit die Individualität. Das ist einerseits in vielen Fällen gewollt und kann andererseits je nach Situation den Kern des Problems darstellen.

Häufig wird mit dem Begriff Sourcing in einem Atemzug der Begriff Outsourcing in den Raum geworfen oder assoziiert. Typischerweise verwenden wir den Begriff Outsourcing, wenn wir eine Thematik nach außen hin zu Dienstleistern verlagern. Dies beinhaltet nicht zwingend den sogenannten Personalübergang zum Dienstleister, wird aber in der Praxis oftmals so verwendet.

Ein Transfer von Mitarbeitern zu einem Dienstleister ist in der Regel ein Thema für die Aufsichtsgremien. Besonderes Augenmerk wird hierbei auf die Wirtschaftlichkeit gelegt. Ein Mitarbeitertransfer wird in Deutschland und vielen anderen europäischen Unternehmen in aller Regel unter umfänglichen Zusicherungen an die Mitarbeiter vollzogen und ist damit ein Kostenfaktor.

Sourcing Modell: Typen

Grundsätzlich lassen sich zwei archetypische Modelle des Sourcing-Splits unterscheiden: horizontales und vertikales Sourcing.

- **Horizontales Sourcing** macht den Sourcing-Split zwischen verschiedenen Ebenen der IT-Wertschöpfung. Beispielsweise wird die gesamte Ebene der IT-Infrastruktur extern betrieben und alle Ebenen darüber intern.

- **Vertikales Sourcing** macht den Sourcing-Split zwischen den gesamten Anwendungsbereichen und taucht vollständig von der oberen Service- und Applikationsebene bis in den operativen Betrieb der Infrastruktur ein. Typischerweise ist dieses bei Software-as-a-Service Lösungen der Fall. Ebenso tendieren heutzutage Konzerne dazu, ganze Geschäftsbereiche einem vertikalen Sourcing zu unterziehen. Das macht die einzelnen Geschäftsbereiche flexibler und ermöglicht eine breite Cloud-Strategie.

<u>Beispiel 1: Horizontales Sourcing</u>

Die folgende Grafik veranschaulicht ein mögliches Beispiel, das auf einen spezifischen Fall zugeschnitten ist. Im Kern sagt dieses Beispiel aus, dass alles Operative outgesourced ist und lediglich im Bereich der Steuerung und Bedarfsermittlung volle

Eigenverantwortung besteht. An einigen Stellen entschied man sich für eine Mischform.

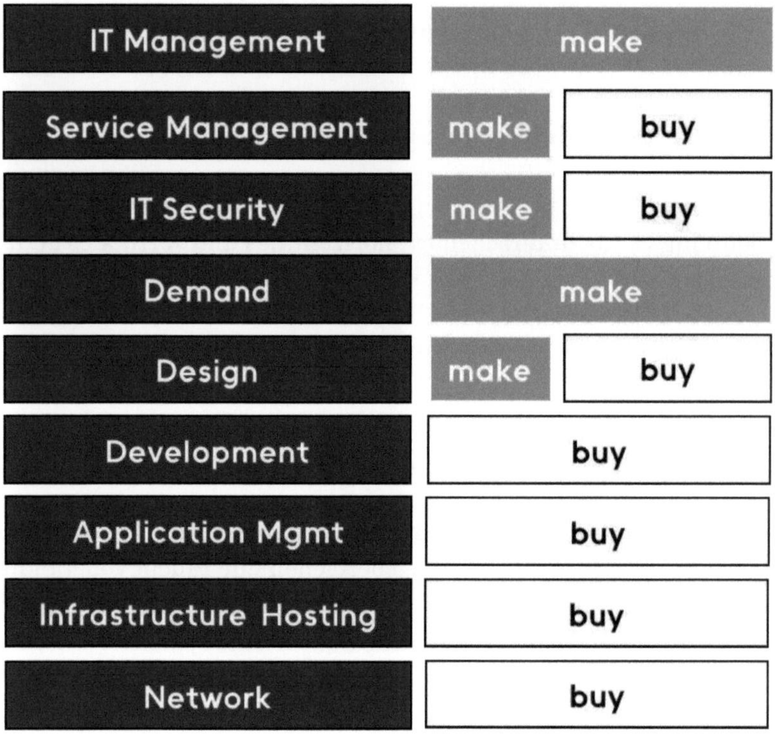

Beispiel 2: Vertikales Sourcing

Im zweiten Beispiel veranschaulichen wir ein Sourcing gemäß Geschäftsfeldern eines Unternehmens. Diese sehen wie in der Grafik bezeichnet aus. Wir haben hierbei übrigens die eigene ERP- bzw. Enterprise-Plattform als eine Sourcing-Vertikale aufgefasst. Es ist ein nicht ganz untypisches Beispiel.

Das Beispiel deutet auch an, dass es beim vertikalen Sourcing nicht zwingend in jeder Säule gleich weit gehen muss. Oftmals gibt es übergreifend über alle Säulen hinweg zusätzlich ein Service-Management oder andere IT-Basisdienste als horizontalen Layer.

Dies verdeutlicht, dass es sich bei den beiden Typen um Archetypen handelt, die häufig in Mischformen aufkommen.

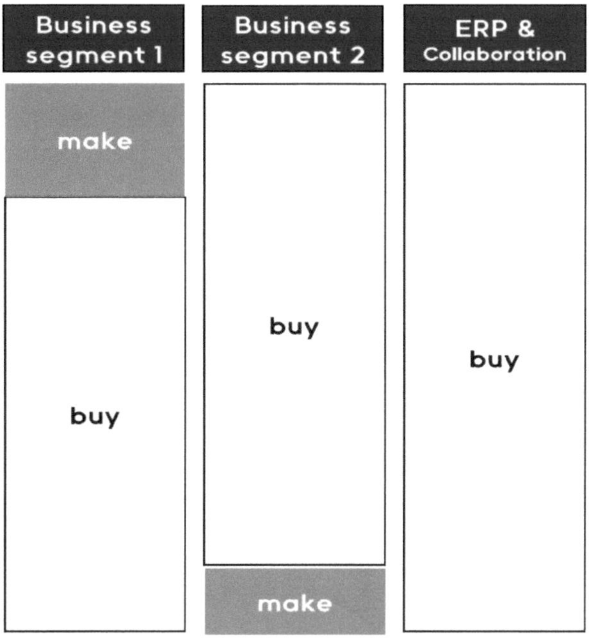

Ist die Verantwortlichkeit (Make/Buy-Entscheidung) für ein Tätigkeitsfeld erstmal gewählt, so ist damit noch keine entsprechende Ressource etabliert, welche die Tätigkeit verrichtet. Wir treffen also noch Entscheidungen zur Quelle der Ressourcen, zur Vertragsgestaltung und zur Lokation.

Sehr generisch lässt sich diese Aussage im folgendem Chart veranschaulichen, welches vier Schritte durchläuft. Vor diesem Hintergrund kann sich auch ein Aufsichtsrat oder Beirat jeden

Sourcing-Vorschlag einer Geschäftsführung erläutern lassen und hinterfragen.

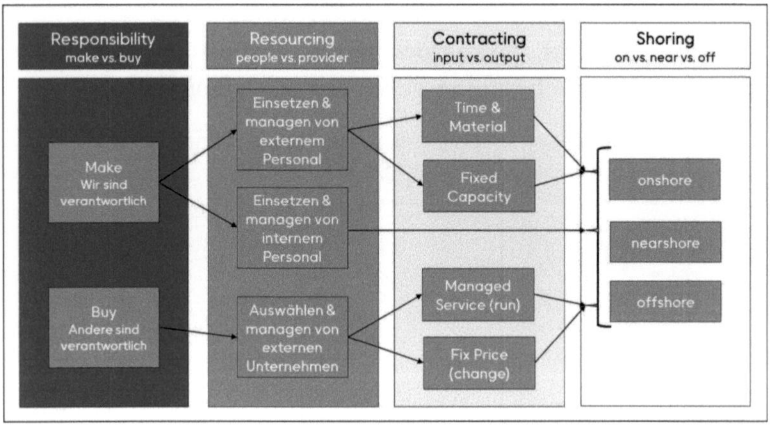

Zusammenfassend: Jede Sourcing-Entscheidung ist verbunden mit weiteren Entscheidungen zur Verantwortung, zur Ressourcenquelle, zur Erfolgsmessbarkeit und zur Shoring-Lokation.

Responsibility

Wer soll die Verantwortlichkeit tragen – wir als Unternehmen oder ein externer Partner? Dies kann, je nach Vorhaben, Größe und Kompetenz unseres Unternehmens, eine essentielle Frage darstellen. Die Entscheidung sollte sorgsam vor dem Hintergrund von Haftung und Kompetenz getroffen werden. In der Praxis wird sie allerdings häufig vor dem Hintergrund eines möglichst schnellen Starts und unklarer Rahmenbedingungen getroffen. Daraus resultieren häufiger Make-Entscheidungen, die später bereut werden.

Die Responsibility allein sagt aber noch nichts darüber aus, wie der Service, die Lösung oder das Projekt erstellt werden, wo die Menschen arbeiten und vieles mehr bleibt im Unklaren.

Resourcing

Ist die Frage der Verantwortung geklärt, folgt die Frage nach den notwendigen Ressourcen. Dies umfasst insbesondere die Quelle der Ressourcen. Entscheidend ist die Frage, ob Menschen oder Provider gesteuert werden.

Im Falle einer Buy-Entscheidung ist es die Aufgabe, den geeigneten externen Partner dafür zu finden.

Basiert das Vorhaben hingegen auf einer Make-Entscheidung, muss wiederum evaluiert werden, ob hierzu externes oder internes Personal eingesetzt werden soll. Wird sehr spezielles Fachpersonal benötigt, das intern nicht vorhanden und auf dem Arbeitsmarkt rar ist, bietet es sich an, Dienstleister zu beanspruchen. Das Hinzuziehen externer Ressourcen ist ebenfalls empfehlenswert, wenn das Personal lediglich für einen bestimmten Projektzeitraum benötigt wird.

Contracting

Die Vertragsgestaltung basiert naturgemäß stark auf der Verantwortlichkeit der Make/Buy-Entscheidung. Für beide Formen der Verantwortung muss die Erfolgsmessung geklärt werden. Das beinhaltet insbesondere die Grundsatzfrage, ob die geschuldete Leistung nach Input- oder Output-Merkmalen bewertet wird – und im Falle der Output-gesteuerten Leistung der entsprechenden Merkmale.

Time & Material ist sicherlich die bekannteste und weit verbreitetste Input-gesteuerte Form. Der Anbieter schuldet die Lieferung von Ressourcenkapazität. In agilen Projekten wird zunehmend auch die Fixed Capacity angewendet, das heißt der Anbieter stellt einen gesamten Sprint zu einem Festpreis zur

Verfügung. Da allerdings der spezifische Inhalt des Sprints nicht vordefiniert ist, handelt es sich auch hierbei um eine Input-basierte Leistung.

Typische Output-basierte Leistungen sind beispielsweise der Managed Service gegen SLA oder Fixpreis-Aufwendungen.

Shoring

Zu guter Letzt steht die Frage nach der passenden Lokalität – egal, ob nun intern oder extern gearbeitet wird. Klassisch kann man zwischen Offshore (außerhalb des Betriebslandes, meist in Übersee, also etwa in Indien oder Vietnam), Nearshore (außerhalb des Betriebslandes, aber mit kurzen Distanzen, oftmals in Zentral-/Osteuropa) oder Onshore (aus dem Land des Betriebes) unterschieden. Welche Faktoren sollten Sie dabei berücksichtigen?

- Ressourcenverfügbarkeit: Nicht selten ist die Frage der Verfügbarkeit von Ressourcen ausschlaggebend. Nicht jede Capability ist überall verfügbar. In vielen Fällen ist dies der Grund für ein Offshoring.

- Kosten: Die Kosten der verschiedenen Lokationen hängen von vielen Parametern ab, insbesondere, ob das Unternehmen bereits erfahren ist im Shoring und entsprechende Steuereinheiten vorhanden sind. Diese Kosten müssen berücksichtigt werden. Offshoring wird dann kostengünstiger, wenn es sich um ein gewisses Volumen und eine vorhersehbare Kontinuität handelt, und sich das Unternehmen die Steuerung zutraut. Für ein Nearshoring spricht aus Kostensicht wenig, weil die Arbeitskostenvorteile oftmals durch die Steuerungsaufwände aufgewogen werden.

- Qualität: In vielen Fällen wird eine spezielle Expertise in einer verlässlichen Qualität benötigt. Daraus kann eine Beschränkung möglicher Lokationen resultieren. Sollen beispielsweise gute Deutschkenntnisse vorliegen, beschränkt dies auf ausgewählte Nearshore-Lokationen oder auch Onshore. Geht es um technische Expertise, geht oftmals an Offshore kein Weg vorbei.

- Skalierbarkeit: Ist ein starkes Wachstum an benötigten Ressourcen zu erwarten? Dann ist die Wahl eines Offshore-Partners zu empfehlen, der guten Zugang zu hochwertigen Ressourcen besitzt.

- Risikomanagement: Geografische, politische und wirtschaftliche Risiken sind wichtige Größen bei der Wahl der Shoring-Lokalität. So wird wiederholt bewusst Leistung auf verschiedene Kontinente und politische Bereiche verteilt.

- Arbeitskultur: Die kulturelle Übereinstimmung und die gemeinsame Sprache können sich auf die Effektivität der Zusammenarbeit auswirken. On-/Nearshore-Sourcing lassen oft eine engere kulturelle Verbindung vermuten, die sich allerdings genauso häufig als Trugschluss erweist.

Outsourcing mit Managed Services

Die meisten großen Sourcing- und insbesondere Outsourcing - Vorhaben legen heutzutage Managed Services zugrunde. Dies bedeutet: Ein externer Partner übernimmt die Verantwortung für die Erbringung der Leistung mit seinen eigenen Ressourcen und der Erfolg misst sich an der erbrachten Leistung gemäß Service Level Agreement (SLA). Grundsätzlich lässt sich nahezu jede durchgängige Lieferverantwortlichkeit der IT durch einen Managed Service abbilden.

Die folgende Grafik stellt ein fiktives Beispiel dar, in dem wir gleich mehrere Dimensionen und Aspekte veranschaulichen.

Beispiel: Managed Services Tower

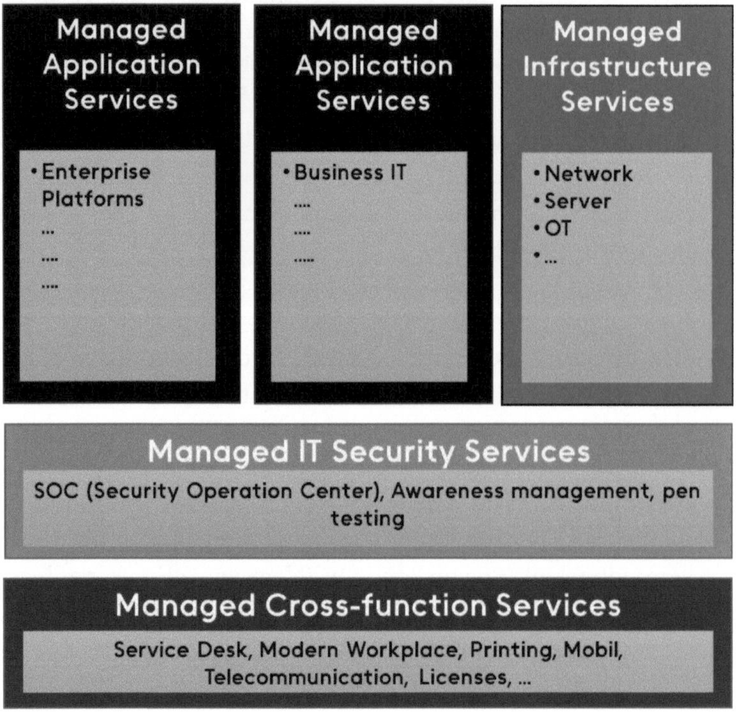

Das Beispiel demonstriert, wie horizontale Services in einzelnen Towern zusammengefasst sind. Dazu zählen insbesondere die Cross-function- und die IT Security-Services sowie die Infrastructure-Services. Die beiden Application Services Tower können eine Vielzahl von vertikalen Themen beinhalten.

Wahl getroffen – und jetzt?

Wenn die IT-Strategie und das dazu passende Sourcing-Modell stehen, wird sich aller Wahrscheinlichkeit nach das gesamte Bild Ihrer IT neu zusammensetzen. Wo sich früher vielleicht lediglich eine interne IT hat finden lassen, existiert sie heute (oder bald) neben einer externen IT. Diese beiden Bereiche lassen sich auch als Sourced IT und Retained IT beschreiben:

Sourced IT: IT-Ressourcen oder Dienstleistungen von einem externen Dienstleister oder Anbieter, zum Beispiel die Nutzung von Cloud-Diensten, das Outsourcing von IT-Aufgaben oder die Inanspruchnahme von Managed IT Services.

Retained IT: Bereiche oder IT-Funktionen, die ein Unternehmen oder eine Organisation intern behält und nicht an einen externen Dienstleister oder Outsourcing-Partner auslagert. Hierzu zählt klassischerweise das Sourcing- und Vendor-Management zur Steuerung der Sourced IT oder des Service Integration Managements (sofern es mehrere Tower gibt) sowie die interne Leistungserbringung).

Die Somapro GmbH steht durch ihre umfassende strategische Neuausrichtung vor einer Ressourcenfrage: Viele neue (IT-) Funktionen müssen gänzlich neu aufgebaut werden – und das in relativ kurzer Zeit, um den Anschluss nicht zu verlieren. Dies lediglich mit internen Mitteln und Neueinstellungen zu bewerkstelligen, ist keine zumutbare Lösung. Aus diesem Grund entscheidet sich die Geschäftsleitung, ein umfassendes Sourcing-Modell zu erarbeiten. Es beinhaltet folgende Vorhaben:

- *Aufbau der internen Fähigkeiten des Sourcing & Vendor Managements zur zukünftigen Auswahl, Steuerung und Überwachung der externen Sourcing Partner.*

- *Etablierung eines Service Integration Managements, um – trotz des Einsatzes mehrerer Drittanbieterlösungen – einen nahtlosen und konsistenten IT-Service bei der Somapro sicherzustellen.*

- *Aufbau eines internen „Digital Integration Service"-Teams, welches das neue Angebot der Somapro repräsentiert und kundenseitig analysiert, berät und einführt. Dies umfasst insbesondere die technische und die Projektmanagement-Kompetenz, um die Werkzeuge vor Ort beim Kunden einzuführen.*

- *Auslagerung des Service Managements (1st Level Support) an einen externen Dienstleister als Managed Service. Dies schafft freie Ressourcen für die parallelen Vorhaben und die vielen neuen Knowhow-Bereiche, die aufgebaut werden müssen, beispielsweise Support für die Kundenintegrationen mit IoT-Technologie. Aufgrund der besonderen operativen Anforderungen der Somapro soll dieser Service in deutscher Sprache erbracht werden.*

- *Auslagerung der IT-Infrastruktur an erfahrene Dienstleister als einen Managed Service. Damit wird Skalierbarkeit und Standardisierung geschaffen. Zudem erlaubt dies dem Unternehmen, sich auf den Kern der digitalen Wertschöpfung zu fokussieren. Die hiermit zusammenhängenden Services dürfen auch in englischer Sprache erbracht werden.*

- *Für Software-Entwicklungsprojekte wird die Somapro eine Rahmenvereinbarung mit einem Entwicklungspartner schließen. Dies wird sicherstellen, dass agil mit kleinen Lösungen gestartet werden und kontinuierlich um weitere Lösungselemente ergänzt werden kann, ohne Verlust von Wissen und ohne neue Verhandlungen.*

Die Somapro hat eine klare Unterscheidung getroffen: Jene Dienstleistungen, die einen unterstützenden Charakter haben und bis dato die klassische IT des Unternehmens dargestellt haben, werden outgesourced. Es handelt sich um Standardprozesse ohne große individuelle Anforderungen. Die Wahl der Partner erfolgt dabei On-/Nearshore, da eine kompatible Unternehmenskultur, gute Erreichbarkeit und ein geringes Risiko wichtige Auswahlkriterien für das Familienunternehmen sind. An weitergehende Vorteile durch einen Offshore-Betrieb der Infrastruktur hat sich die Somapro im ersten Schritt nicht herangetraut, aber diesen durchaus evaluiert. Die vergleichsweise geringe Größe des Mittelständlers hat hierbei keine gravierenden Kostenvorteile gegenüber der Nearshore-Lösung aufgezeigt.

Die interne IT wird sich vollumfänglich auf die neuen, businessspezifischen Lösungen ausrichten. Für die Entwicklung notwendiger Schnittstellen und Softwarekomponenten wird externes Personal hinzugezogen, da hierbei projektabhängige Auslastungsspitzen zu erwarten sind und der Markt wenig geeignetes Fachpersonal zur Verfügung stellt. Alle Services, die ein Gesicht zur Außenwelt darstellen und auf www.somapro.de präsent sind, werden konsequent intern verantwortet.

Für komplexere individuelle Softwareentwicklungen werden die internen IT-Projektmanager mit einem strategischen Partner, einer Offshore-Entwicklungsfirma aus Indien, zusammenarbeiten. Mit diesem Partner hat Somapro einen entsprechenden Rahmenvertrag geschlossen. Der Account-Manager und Business-Analyst ist in Deutschland ansässig, was dem wenig erfahrenen internen Team die Kommunikation erleichtert.

Das Sourcing- und Vendor-Management sowie das Service Integration-Management werden durch internes Personal realisiert, da diese Funktionen langfristig und kontinuierlich benötigt werden. Angestrebt wird ein Mix aus bereits bestehendem Personal (internes Wissen) und auf dem Markt verfügbarem Personal (Methodenwissen).

Exkurs: Technologieprinzipien

Das Feld der IT und Technologie zeichnet sich insbesondere durch seine Schnelllebigkeit aus. Auswahlprozesse für oder gegen eine Technologie dauern meist länger als ihr Entwicklungszyklus. Damit wird es besonders schwer, einen klaren Plan zu entwickeln, der über mehrere Jahre Bestand hat und genau festlegt, wie viele Ressourcen für bestimmte Themen verwendet werden sollen. Zu schnell tauchen neue Möglichkeiten rechts und links davon auf.

Ein Aufsichtsrat oder Beirat ist viel zu weit weg, um einen Einblick zu haben oder gar die mit Technologien einhergehenden Risiken oder Potenziale bewerten zu können.

Doch wie begegnen Unternehmen dieser Gefahr, sich im Strudel der Möglichkeiten zu verlieren und von der eigenen, klaren Linie abzuweichen?

Die Antwort darauf können sogenannte Technologieprinzipien liefern. Sie sind auf großer Flughöhe ein geeignetes Mittel, um grundsätzliche technologische Stoßrichtungen vorzugeben. Sie können eine gemeinsame Sprachbasis von Beirat über Geschäftsführung und CIO bis hin zu IT-Projektleitern und operativen Teammitgliedern, aber auch für externe Partner, sein. In ihrer Ausgestaltung sollten sie dabei kurz und knapp gehalten werden. Sie sollten ein Set an Leitlinien darstellen, das schnell erfassbar ist und keinen großen Erklärungsbedarf hat (z.B. in Form eines One Pagers).

Dabei sollte ihre Bedeutung nicht unterschätzt werden, denn: Technologieprinzipen können auch dazu dienen, Grundsatzfragen zu klären.

Ein klassisches Beispiel hierfür wäre die Frage, ob ein Unternehmen in die Cloud geht oder nicht. Legen die Prinzipien fest, dass neue IT-Lösungen grundsätzlich in der Cloud angesiedelt sein sollten, fallen zukünftig On-premise-Lösungen weg und können daher bei Entscheidungsprozessen hintenangestellt werden.

Weitere Fragen, die Technologieprinzipien beantworten können, wären zum Beispiel: Wollen wir Systeme zentralisieren? Oder dezentral und individuell halten? Wie steuern wir unsere Datenintelligenz? Welchen Stellenwert hat IT-Security im Unternehmen? Wie sollen unsere Mitarbeitenden zukünftig digital arbeiten? Welche Innovationsstrategie verfolgen wir?

Es gibt noch eine Vielzahl weiterer Fragen, die oftmals unternehmens- oder auch branchenspezifisch sind.

Die Somapro GmbH steht im Zuge ihrer strategischen Neuausrichtung nicht nur einmal vor der Frage, welche Technologien zur Unterstützung des Vorhabens ausgewählt werden sollen und welche nicht. Es ergeben sich wiederholt lange Grundsatzdiskussionen, die einen eindeutigen Ruf nach einer gemeinsamen Linie und Sprache auslösen.

Die Geschäftsleitung entschließt sich daher, gemeinsam mit dem Beirat, Technologieprinzipien zu verabschieden, die Grundsatzfragen langfristig klären und die gemeinsame Stoßrichtung unterstützen und festigen.

Mit folgenden Leitplanken sollen zukünftig alle Projektbeteiligten – von C-Level bis IT-Projektleiter – arbeiten und so eine Erleichterung im Entscheidungsprozess finden:

1 Connectivity

Always-on

- *Maximale Bandbreite und Netzwerkzuverlässigkeit*
- *Digitale Anbindung aller Kunden-Werkzeuge*
- *Sicherstellung digitaler Zusammenarbeit, inkl. Außendienst*

2 Hosting

Cloud-first

- *Cloudifizierung bei der Modernisierung*
- *Cloud-first für neue IT-Lösungen*
- *Erwägung von SaaS oder BPO*

3 Enterprise Platform

Platform-first

- *Erneuerung der ERP-Plattform*
- *Kollaborations-Plattform einführen: Büro, Fertigung, Mobil*
- *Gemeinsame Tools und Plattformen bevorzugen*

4 IT Security

Zero Trust

- *IT-Security als digitaler Türöffner*
- *Zero-Trust-Architektur anwenden*
- *Bewusstsein schaffen im gesamten Unternehmen*
- *Kundenwerkzeuge und IoT einbeziehen*

5 Modern Workplace

Any device anywhere

- *Zugriff auf Daten und IT-Systeme von jedem Gerät und jedem Ort*
- *Bequeme Zusammenarbeit mit Kunden*
- *Digitalisierung der Telefonie, Mobile-first*

6 Business Applications

USP by Application

- *Wettbewerbsvorteile schaffen durch selbst entwickelte Plattformen wo echter USP entsteht*
- *Standardanwendungen an allen anderen Stellen nutzen*

7 Innovation

Smart follower

- *Me-too-Technologien forcieren, sobald stabil*
- *Co-Innovation und Co-Creation Umgebung schaffen*
- *Erweitern von Geschäftsmodell um Daten und Technologie*

8 Industrial IT

IT-OT-IoT convergence

- *Zusammenführen der industriellen OT und der verwaltenden IT*
- *Verbindung der IoT in Kundenwerkzeugen*
- *Durchgängige Daten und Kommunikation über alle drei Bereiche*

9 Data Governance

Master Data first

- *Etablierung von Data Governance und Master Data Management*
- *Single-Source of Truth als Prinzip etablieren*
- *Daten Intelligenz schaffen*

Die Auswahl und Festlegung der Prinzipien erfolgte stets mit engem Blick auf das vorliegende TOM. Durch die hohe Kundenzentrierung stand schnell fest, dass Zuverlässigkeit und Ver-

fügbarkeit zu den wichtigsten Anforderungen gehören, um als verlässlicher Partner zu gelten. Neben einer modernisierten IT-Infrastruktur durch Cloud-first & Platform-first-Ansätze bedeutet dies vor allem, eine hohe Verfügbarkeit zu gewährleisten und keine Kompromisse bei der IT-Security einzugehen.

Ferner musste den Mitarbeitenden zukünftig ermöglicht werden, dezentral beim Kunden vor Ort vollumfänglich arbeiten zu können (Connectivity & Modern Workplace).

Um zukünftigen Entwicklungen im Bereich der Data Analytics standzuhalten, war zudem eine Fokussierung auf Datenmanagement (Data Governance) unerlässlich. Die Möglichkeiten, die sich für die Somapro aus der digitalen Integration von Werkzeugen beim Kunden ergeben, sind noch gar nicht vollständig absehbar. Besser, sie bereiten sich darauf vor.

Applikationen und das damit verbundene Interface können heute oft den entscheidenden Mehrwert schaffen und einen tatsächlichen Unique Selling Point für den Service und das Angebot bedeuten (Business Applications). Kern des zukünftigen digitalen Angebotes soll die Integration beim Kunden sein. Dies bringt neue Existenzgefahren (IT Security) und muss sauber in die Architektur integriert werden (Industrial IT). Wie dem auch sei: Somapro ist kein IT-Unternehmen. Aber es wird einen guten Spürsinn für den zukünftigen (Kunden-) Bedarf haben müssen. Daher soll Innovation im Fokus stehen, aber stets auf bereits entwickelten Technologien basieren, die an anderen Stellen der Welt bereits funktionieren (Innovation).

Diesen Technologieprinzipien haben sich sowohl Anna als auch Charlotte verschrieben. Die gesamte Geschäftsleitung kann diese Stoßrichtung nachvollziehen und unterstützt sie. Eine gute Basis für alle anstehenden Transformationen.

Exkurs: IT Governance & IT Management

Wir haben in den vorangegangenen Kapiteln mehrfach einen Blick auf das Zusammenspiel zwischen Business und IT geworfen und darauf, wie beide in Einklang zu bringen sind. Klar ist, dass dieses Vorhaben keine einmalige Angelegenheit darstellt, sondern dass es eine Position im Unternehmen braucht, die dieses Alignment stetig auf den Prüfstand stellt und entsprechende Maßnahmen auf den Weg bringt. Diese Position kann die sogenannte IT Governance sein. Sie hat das Ziel, alle Ressourcen und Rahmenbedingungen, die mit der IT einhergehen, strategisch bestmöglich auf die Unternehmensziele auszurichten.

IT-Governance umfasst häufig folgende Aspekte:

- IT-Strategie und -Planung: Ausrichtung der IT auf das Geschäftsziel.

- IT-Risikomanagement: Risiken identifizieren und managen und einen Beitrag zum Business Continuity Management leisten (BCM geht über IT-Risiken aus und behandelt Störungen und Katastrophen, die den Geschäftsbetrieb insgesamt beeinflussen können).

- IT-Compliance: Sicherstellung der gesetzlichen sowie internen Anforderungen.

- Business Relationship Management: Kommunikations- und Steuerungsmodell für die Schnittstelle zwischen Demand und Supply, also dem Business und der IT-Funktion.

- IT-Finanzmanagement: Planung und Steuerung der Finanzmittel für die IT in Abhängigkeit von Geschäftszielen.

In diesem Zusammenhang fällt häufig der Begriff IT-Management. Auch, wenn beide Disziplinen eng miteinander verknüpft sind und sich in einigen Aufgaben Überschneidungen wiederfinden lassen, unterscheiden sie sich wesentlich in der Verortung der Verantwortung. Während die IT Governance ein klares, strategisches Thema für die Unternehmensleitung oder Konzernleitung darstellt, ist das IT-Management eher innerhalb des CIO-Bereiches angesiedelt und setzt um, was die IT Governance vorgibt.

Wenn Sie sich für einen kurzen Moment an unser Haus der IT zurückerinnern, ist das IT-Management im Dach, als rahmengebendes, aber auch schützendes Element zu verstehen, welches zugleich den Spielraum festlegt, in dem sich die IT bewegen darf.

Die IT Governance ist im Zusammenspiel mit den anderen Unternehmensfunktionen zu sehen und wird oftmals übergreifend von der gesamten Geschäftsleitung verantwortet oder in größeren Unternehmen von Stabstellen eines Vorstands.

Je kleiner ein Unternehmen ist, desto mehr fallen IT Governance und IT-Management zusammen. In großen Konzernstrukturen, insbesondere in solchen mit verschiedenen Geschäftsfeldern und verteilter Steuerung, wird oftmals eine deutliche Trennung vorgenommen.

Verkörpert wird dies in solchen Fällen durch einen expliziten Konzern-CIO, der ausschließlich IT Governance-Vorgaben macht und etlichen Business Unit-CIOs, welche sich auf IT-Management fokussieren und die IT im Rahmen der Governance umsetzen.

Damit dürfte klar sein, wieso insbesondere die IT Governance eine Thematik für einen Beirat oder Aufsichtsrat sein kann. Es lassen sich nicht nur die gesamte Struktur und Umsetzung der IT im Unternehmen beeinflussen, sondern auch äußerst relevante Kenngrößen in Bezug auf das IT-Budget, das eingegangene Risiko, Compliance-Themen und die Wertschöpfung durch die IT.

Folgende Grafik veranschaulicht die Abhängigkeit bzw. das Zusammenspiel der IT von der IT Governance:

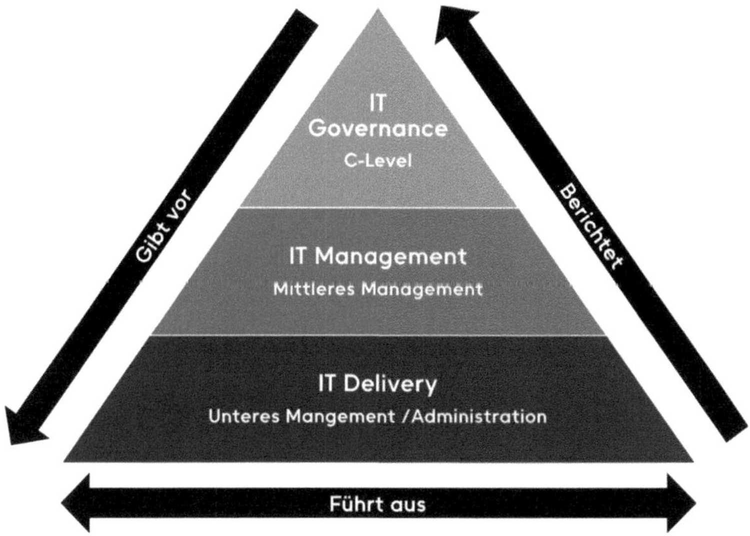

Im Dach unseres Hauses sehen wir bereits die wesentlichen IT-Management-Werkzeuge benannt. Sie sind die geeigneten Tools, die IT Governance in die gewünschte Stoßrichtung umzusetzen und Leitplanken vorzugeben.

Die mächtigsten IT Management-Werkzeuge, um ein Unternehmen kontrolliert und zielgerichtet steuern zu können sind wohl folgende:

- **EAM – Enterprise Architecture Management:** Dies dient der Verwaltung und Optimierung der IT-Landschaft eines Unternehmens. Dies umfasst die Geschäfts-, die Anwendungs-, die Daten- und die Technologiearchitektur und soll sicherstellen, dass alle diese Architekturen zusammenwirken und zukunftsstabil sind. Das EAM wird oftmals mithilfe eines speziellen EAM-Tools bewerkstelligt und in grafischer Form als eine Art Landschaft und ihrer Vernetzungen dargestellt; es gleicht damit einem Bebauungsplan.

- **PPM – Projektportfoliomanagement:** Hier wird die Bewertung, Planung, Überwachung und Steuerung von IT-Projekten und -Initiativen im Kontext des gesamten IT-Portfolios eines Unternehmens vorgenommen. Es hat zum Ziel, IT-Ressourcen effektiver zu nutzen, Risiken zu minimieren und die Ausrichtung der IT auf die Geschäftsziele zu verbessern. Ebenso ist dies die Stelle, an der die IT-Kosten maßgeblich und langfristig beeinflusst werden. Die Betriebskosten resultieren letztlich aus Projekten.

- **S&VM – Sourcing & Vendor Management:** Dies ist eine der essentiellen Funktionen innerhalb einer IT und nicht zu verwechseln mit dem IT-Einkauf. Die Funktion steuert den vollständigen Lifecycle der extern erbrachten IT-Services und seiner Vendoren. Damit umfasst es von der Ausschreibung, Vergabe, Transition und Transformation von IT-Services vor allem die Sicherstellung der Erbringung der vertraglichen IT-Services. Dies beinhaltet auch das Relationship Management zu den Vendoren in partnerschaftlicher Zusammenarbeit. Damit ist diese Funktion neben der strategischen Relevanz auch hochgradig für die operative Performance der Leistungserbringung relevant. Typischerweise wird während des Ausschreibungs- und Vergabeverfahrens mit dem Einkauf zusammengearbeitet. Die wesentlichen Aufgaben des S&VM finden in den Jahren zwischen den Vergaben statt, und zwar in der strategischen und der taktischen Steuerung.

- **License Management:** Oft auch etwas weitergehend als Software Asset Management bezeichnet, umfasst es das vollständige Lifecycle-Management aller im Unternehmen benötigten IT-Lizenzen. Dies startet mit der Auswahl von passenden Lizenzmodellen und geht bis zur Vermessung von Lizenzbedarfen, Optimierungen und der Begleitung von Audits der Lizenzgeber. Lizenz-Management ist nicht nur die Basis, um eine Compliance in Sachen Lizenzen sicherzustellen und damit eines der großen Risiken der IT im Griff zu halten, sondern auch eine elementare Funktion zur Sicherstellung des Betriebes sowie des Kostenmanagements im Unternehmen. Lizenzen sind in der Regel einer der großen Kostenblöcke in einer IT und bedürfen eines professionellen Managements und einer engen Beobachtung der CIOs.

- **Budget Management**: Das IT-Budget ist eine stets umstrittene und relevante Größe. Dahinter steckt – anders als bei den anderen genannten Punkten – keine spezifische Methode, es sei aber der Vollständigkeit halber genannt. In der Praxis wird in größeren Unternehmen und vor allem in Konzernen das IT-Budget über ein spezielles Tool verwaltet. Relevant ist es dabei, die Betriebskosten und seine Veränderungstreiber im Griff zu haben, bevor sie entstehen. Die besten Mittel dazu sind bereits genannten Werkzeuge rund um EAM, PPM, S&VM und License-Management.

Wie ist die Relevanz für Beiräte und Aufsichtsräte einzustufen?

EAM und PPM arbeiten eng an jenen Themenfeldern, die für den Aufsichtsrat besondere Relevanz besitzen. Sie tragen dazu bei, die IT-Ressourcen und -Initiativen effektiv zu verwalten, Risiken zu minimieren, die Einhaltung von Standards und die strategische Ausrichtung sicherzustellen. Zusammenfassend lassen sich die Disziplinen wie folgt charakterisieren:

Das EAM gibt eine transparente Sicht auf die Statik eines Unternehmens. Das PPM macht die Dynamik im Unternehmen transparent und damit die Weiterentwicklung. Beide Disziplinen zusammen geben eine transparente Sicht über den Gesundheitszustand der IT und seiner Entwicklung in Sachen Kosten, Technologie und Architektur wieder.

Das Sourcing & Vendor Management hat eher punktuelle Relevanz zu Vergabezeiten, ist aber aus Kostensicht von Bedeutung. Das License-Management hat besonderes Gewicht in Sachen Compliance.

Die Somapro GmbH hat mit der Verabschiedung ihrer Technologieprinzipien einen wichtigen, ersten Schritt getan, um die IT flächendeckend auf Kurs zu bringen und allen Beteiligten die notwendigen Basisinformationen zur Strategie zu liefern. Doch zwischen Strategie und der tatsächlichen Ausführung im Unternehmen scheint noch eine Lücke zu klaffen. Es fehlt zum Teil an einer klaren Zuständigkeit sowie eindeutigen Positionen und Vorgaben, an denen sich das mittlere Management orientieren kann.

Nach längerer Diskussion zwischen der Beirätin und der CIO steht fest: Der beste Weg ist die Einführung eines leichtgewichtigen EAM und eines PPM. Darüber können sie zukünftig wichtige strategische Entscheidungen anstoßen und moderieren. Deren Umsetzung wird jedoch gezielt im EAM und PPM geplant und transparent sichtbar dokumentiert. Dies scheint der richtige Mix an Leitlinien und freier Ausgestaltung zu sein.

Wichtig erscheint beiden, dass nicht das maximale theoretische Konstrukt in seiner Breite und Schönheit durch Berater ausgerollt wird. Dies kann das gesamte Unternehmen lähmen und wäre ein zu großer Schritt für die Somapro. Charlotte hat sich zum Ziel gesetzt – ganz im Sinne der Beirätin – eine zunächst sehr grobe EAM-Architektur auf Basis eines schnellen verfügbaren EAM-Tools aus der Cloud einzuführen und die inhaltliche Erfassung sukzessive und begleitend vorzunehmen, wo immer Anpassungen und Modernisierungen im Unternehmen vorgenommen werden oder neu gebaut wird.

Das PPM wird sehr simpel auf Excel-Basis erstellt. Dies erscheint im ersten Schritt für die Somapro völlig ausreichend. Beirätin und CIO haben sich geeinigt, dass alle Vorhaben in fünf Kategorien eingeteilt werden sollen:

1. ***Business Projects:** Projekte, die für konkrete Business-Vorhaben benötigt werden und vom Business gefordert sind.*

2. ***IT Modernization Projects:** Dabei handelt es sich um die technisch nötigen Projekte aus der IT heraus, wie etwa größere Systemupdates, Optimierung in der Infrastruktur wie die Erneuerung von Hardware, Werkzeuge der IT-Steuerung und des Monitorings etc.*

3. ***IT Security Projects:** Hierunter wollen sie Maßnahmen verstehen, die zwingend nötig sind, um das gewünschte Maß an IT Security sicherzustellen, wie etwa Anpassungen an der technischen oder organisatorischen Cyberabwehr.*

4. ***Transformation Projects**: Unter diese Rubrik sollen alle Maßnahmen fallen, welche gemeinsam im Rahmen der Transformation-Roadmap verabschiedet und vom Beirat freigegeben wurde. Dies bringt in besonderem Maße die Transparenz in den geplanten Umsetzungsgrad und zeigt gegebenenfalls auch Konflikte in der Budgetvergabe auf.*

5. ***Regulatory Projects**: Zwar unterliegt die Somapro keiner besonderen Regulatorik wie etwa Banken oder KRITIS-Unternehmen, dennoch wollen CIO und Beirätin diese Kategorie vorsehen. Auch allgemeine Gesetzesänderungen im Finanz- oder Steuerwesen können zu notwendigen Anpassungen führen. Derartige Projekte erfüllen gesetzliche Notwendigkeiten und müssen daher in der Priorisierung eine besondere Berücksichtigung finden.*

Diese Einteilung erlaubt eine transparente Summenbildung und gibt Übersicht unter anderem für die Beiratsebene. Insbesondere – und das ist beiden gleichermaßen wichtig – gibt es Transparenz, wieviel Prozent des Projektbudgets für echte Business-Projekte ausgegeben werden, wieviel für technische Änderungen und wieviel für die eigene Transformation sowie Security. Es gilt, das verfügbare Budget bestmöglich zwischen all den berechtigten und notwendigen Interessen ausgewogen aufzuteilen.

Den Aufbau eines profunden License-Managements plant Charlotte noch vor dem nächsten Jahreswechsel abgeschlossen zu haben.

Ein Sourcing & Vendor Management wird im Rahmen der Transformation aufgebaut. Dort wurde bereits für das erste Jahr der entsprechende Aufbau vereinbart. Der Umfang muss dem Grad des angestrebten Sourcings entsprechen und wird dementsprechend definiert.

Exkurs: IT-Frameworks

Wir haben bereits an einigen Stellen auf IT-Frameworks aufmerksam gemacht. Natürlich möchten wir nicht unerwähnt lassen, was darunter zu verstehen ist, welche IT-Frameworks aus unserer Perspektive den meisten Mehrwert bieten und – natürlich – warum Sie das in der Position als Aufsichtsrat bzw. Beirat tangieren kann. Eine Entwarnung vorweg: Wir werden nicht die Empfehlung aussprechen, sich tiefgreifend mit einem oder mehreren Frameworks auseinanderzusetzen. Dies kann und sollte nicht Ihre Zuständigkeit sein. Aber es ist durchaus hilfreich, über die Existenz der Frameworks informiert zu sein und zu wissen, welchen Einfluss sie auf ein Unternehmen haben können und zu welchen Zwecken sie eingesetzt werden können.

Von Anfang an: Wozu gibt es überhaupt IT-Frameworks?

IT und ihre Dimensionen, Einflüsse und Verstrickungen im Unternehmen können sehr schnell sehr komplex werden. Wenn noch externe Anforderungen hinzukommen, wie die Einhaltung neuer gesetzlicher Rahmenbedingungen oder Sicherheitsanforderungen, kann die Frage „Wo sollen wir anfangen?“ nur noch schwer beantwortet werden. Dies war die Geburtsstunde der IT-Frameworks. Ähnlich wie bei der Programmierung selbst dienen sie als eine Art „Best Practice“ für verschiedene Einsatzbereiche der IT. Wichtig: Es gibt nicht nur *ein* IT-Framework, sondern sehr viele verschiedene, die unterschiedliche Ziele verfolgen oder Hilfestellungen anbieten.

Das IT-Framework ist damit ein Vorschlag, wie man ein bestimmtes IT-Problem lösen kann – immer mit dem Hinweis, dass

Variablen darin auf das eigene Unternehmen, dessen Ziele und Firmenphilosophie angepasst werden muss.

Frameworks unterstützen vor allem dabei, IT ganzheitlich zu verstehen und keine wichtigen Elemente zu übersehen. Es ist deshalb empfehlenswert, sich daran zu orientieren. Aber ebenso empfehlenswert ist es, immer noch das eigene Wissen, den eigenen Bedarf und vor allem innovative Wege mit einfließen zu lassen. Denn auch das ist die Natur von Frameworks: Sie bilden eine Maximalsammlung an Best Practices ab für „große Anwendungsfälle“, wie sie beispielsweise in großen Unternehmungen oder Konzernen vorkommen.

Dies bietet enorme Vorteile, insbesondere in der unternehmensübergreifenden Zusammenarbeit mit Partnerunternehmen, Mutter-/Tochter-Unternehmen und vor allem auch IT-Providern. Die Frameworks schaffen eine gemeinsame Sprache und helfen, Sicherheit und Vollständigkeit im Blick zu behalten. Sie bringen aber auch Nachteile mit einher, insbesondere eine enorme Komplexität und ein Stück weit Bürokratie, welche im Einzelfall unflexibel machen kann.

Die Vielzahl der existierenden IT-Frameworks könnte den Eindruck vermitteln, man brauche ein Framework für die Frameworks selbst. Gerne geben wir an dieser Stelle eine kurze Empfehlung ab, welche Frameworks für Sie in der Rolle als Aufsichtsrat oder Beirat interessant sein könnten:

COBIT

Das IT-Framework COBIT (Control Objectives for Information and Related Technology) hat seinen Ursprung als Werkzeug für standardisierte IT-Prüfungen und Audits. Heutzutage wird es vor allem für die Einhaltung von IT-Compliance-Richtlinien verwendet. Es stellt zudem ein Bindeglied zu vielen weiteren, bekannten Frameworks, wie ITIL (s. nächster Punkt) dar.

COBIT…

- ist ein sehr umfassendes Modell für die IT-Steuerung und -Überwachung, einschließlich der Definition von IT-Rollen und -Verantwortlichkeiten, der Implementierung von IT-Prozessen sowie der Sicherstellung von IT-Compliance;
- ist auf die Bedürfnisse von Unternehmen jeder Größe und Branche zugeschnitten und bietet eine gemeinsame (internationale) Sprache und Referenz für IT-Management-Praktiken;
- enthält eine umfassende Liste von IT-Managementprozessen, um sicherzustellen, dass IT-Systeme den Geschäftszielen entsprechen und effektiv und effizient eingesetzt werden;
- betont die Bedeutung der IT-Sicherheit und des IT-Risikomanagements.

Wir finden in dieser Beschreibung einige Schlagworte wieder, die Sie aufhorchen lassen dürften: IT-Steuerung, IT-Compliance, Geschäftsziele und IT-Sicherheit. COBIT ist damit vor allem ein Tool, das stark im Bereich der IT Governance eingesetzt wird und die dort angesiedelten, strategischen Themen behandelt.

Als Aufsichtsrat oder Beirat können Sie die Etablierung eines solchen Frameworks fordern, um eine angemessene Berücksichtigung und Steuerung von IT-Risiken und IT-Compliance sicherzustellen oder anzustoßen, dass angemessene Maßnahmen definiert und ergriffen werden.

ITIL

ITIL (Information Technology Infrastructure Library) zählt zu den weitverbreitetsten IT-Frameworks. Kein Wunder: Es beinhaltet zahlreiche Prozesse, Funktionen und Rollen, um die IT in mittelständischen Unternehmen und Konzernen funktionstüchtig aufzubauen und operativ zu steuern.

ITIL...

- ist ein Framework für IT-Service-Management und enthält bewährte Praktiken und Prozesse für die Bereitstellung von IT-Services;
- legt den Fokus auf die Bedürfnisse des Kunden und betont die Bedeutung der kontinuierlichen Verbesserung und der Kundenorientierung im IT-Service-Management;
- will die Effizienz und Effektivität der IT-Services verbessern, wie z.B. Incident Management, Problem Management, Change Management und Service Level Management;
- ist ein international anerkanntes Framework und wird von vielen Organisationen und Regierungsbehörden auf der ganzen Welt als bewährte Praxis eingesetzt.

ITIL bietet eine breite Anwendbarkeit für die unternehmerische Praxis, insbesondere im Zusammenspiel zwischen interner IT und externen IT-Providern sowie dem Business.

Zu erwähnen ist jedoch, das ITIL zu den umfangreichsten und komplexesten Frameworks zählt. Das kann an der einen oder anderen Stelle eine Herausforderung für die Anwendbarkeit darstellen. Für kleinere Mittelständler sind die Best Practices zudem oft zu sperrig. Es gilt, das richtige Maß an Orientierung und individueller Ausgestaltung zu finden.

Die Relevanz des Frameworks für Beirat bzw. Aufsichtsrat ergibt sich aus dem Grad der Standardisierung. Diese ermöglicht eine reibungslose Zusammenarbeit mit anderen Unternehmen und Sourcing-Partnern. Dieses kann im hohen Grad von Interesse für die oberste Board-Ebene sein, zum Beispiel vor dem Hintergrund angedachter Outsourcing-Ideen.

Zu guter Letzt möchten wir Ihnen noch eine Kurzfassung weiterer, erwähnenswerter Frameworks liefern:

- **ISO 27001:** Internationale Norm für Informationssicherheitsmanagement. Unterstützt Unternehmen bei der Identifizierung, Bewertung und Behandlung von Sicherheitsrisiken. In manchen Kundenbeziehungen wird eine Zertifizierung nach dieser Sicherheitsnorm eingefordert und schafft Vertrauen.

- **NIST:** National Institute of Standards and Technology (Cybersecurity Framework). Identifizierung, Schutz, Erkennung, Reaktion und Wiederherstellung von Cybersecurity-Risiken bzw. Angriffen (mehr dazu im Kapitel IT-Security)

- **TOGAF:** Umfangreiches EAM-Framework. Adressiert den gesamten Lebenszyklus der Unternehmensarchitektur durch verschiedene Komponenten (Architektur-Entwicklung, Architektur-Modelle, Tools/Techniken etc.). Hohes Abstraktionsniveau.

Eine vollständige Übersicht ist aus besagten Gründen an dieser Stelle weder möglich noch sinnvoll. Aber mit den Ausführungen in diesem Buch sind Sie als Beirat oder Aufsichtsrat gut gerüstet.

Frameworks können für Sie in Einzelfällen ein Vehikel sein, um den sorgsamen Umgang mit spezifischen Themen im Unternehmen sicherzustellen. Aber: Frameworks sind sehr umfangreich und bei einer Einführung wird sich jedes Unternehmen stets auf ausgewählte, wenige Dinge fokussieren. Stellen Sie also sicher, dass kein extern getriebener Prozess zur vollumfänglichen Einführung gestartet wird. Ein solches Vorgehen kann ein gesamtes Unternehmen lähmen und mit Bürokratie durchsetzen. Augenmaß ist hier angemessen und weniger hilft oft mehr.

Beirätin Anna und CIO Charlotte wird im Rahmen der Zielplanung für die Somapro recht schnell bewusst, dass die Anforderungen, die dadurch für die Operative entstehen, sehr hoch sind und womöglich die richtigen Ansätze für eine erfolgreiche Umsetzung fehlen könnten. Sie entschließen sich daher, einen Blick auf in Frage kommende IT-Frameworks zur Unterstützung und Hilfestellung zu werfen, und das mittlere Management darauf zu verweisen.

Die kontinuierliche IT Governance ist ebenfalls ein neues Thema in den Reihen der Geschäftsleitung, sodass sich auch dort ein Blick in die Best Practices anderer Unternehmen lohnt. Anna wird in der nächsten Beiratssitzung auf das Framework COBIT aufmerksam machen und gemeinsam mit der Geschäftsleitung die Einführung einiger weniger Governance-Prinzipien vereinbaren wollen.

Charlotte wird ITIL für den Aufbau der neuen IT-Services zugrunde legen, um damit von Beginn an in bewährter Sprache und

Prozessen zu agieren. Insbesondere vor dem Hintergrund von stärkerer Zusammenarbeit mit Providern sowie gleichzeitig einer stärkeren internen Kundenservice-Organisation erscheint dieses sehr sinnvoll und verspricht Stabilität.

Kapitel 7: IT-Grundlagen – Die Transformation Roadmap

Die Somapro GmbH ist auf einer gemeinsamen Linie und hat ein tiefes Verständnis für die Notwendigkeit der digitalen Transformation. Die Geschäftsleitung hat eine gemeinsame Business-Strategie und die Gaps zur IT-Strategie erkannt.

Das IT TOM steht. Damit kennt die Somapro nun das Zielbild der zukünftigen IT, sozusagen die Architektur und die wesentlichen Lieferprozesse für die neue IT. Was noch fehlt: eine Umsetzungsplanung.

Der Geschäftsführer kommt auf die Beirätin zu, um Anregungen zu erhalten, wie eine realistisch umsetzbare Roadmap entwickelt werden könnte – vor allem auch in Hinblick auf die begrenzten finanziellen Ressourcen des Unternehmens. Die Beirätin berichtet von erfolgreich verlaufenen Transformationen und kann einige Beispiele von Transformation Roadmaps mit dem Geschäftsführer beleuchten. Wie schon zuvor bei der Gestaltung des TOMs, bedarf es einmal mehr eines passgenauen Zuschnitts auf die Möglichkeiten und Rahmenbedingungen des Unternehmens.

Die Beirätin betont dabei: Eine Roadmap sollte immer Platz für Unvorhergesehenes bieten sowie technologische Entwicklungen, die zwangsläufig innerhalb der voraussichtlich mehrjährigen Transformation stattfinden werden, berücksichtigen. Vor allem, betont sie, muss davon ausgegangen werden, dass die Früchte der harten Arbeit erst einige Jahre später sichtbar werden. Sie kann die Bedenken gegenüber dem hohen Investment ohne direkten Output verstehen. Quick Wins sind allerdings nur im geringen

Umfang möglich. Umso wichtiger ist es, sich stets den Gesamtnutzen vor Augen zu führen und als Geschäftsleitung den langfristigen Businessnutzen zu erkennen: IT muss und wird ein elementarer Bestandteil zukunftsfähiger Geschäftsmodelle sein. Wer jetzt investiert, mit einer klaren Strategie vorgeht und dabei bereits weitere technologische Entwicklungen berücksichtigt, der wird auf lange Sicht gewinnen. Anna kann damit zwar nicht jede Gegenstimme ausräumen – muss Sie aber auch nicht. Ihr Credo: „Gibt es keinen Widerstand bei einem Transformationsprozess, dann ist er nicht bedeutend genug".

Bisherige Abschnitte dieses Buches bezogen sich auf die Analyse des Status Quo sowie die Definition des Zielzustands. Nichts davon ändert allerdings die tatsächlichen Abläufe im Unternehmen. Deshalb ist die Phase der Umsetzung äußerst wichtig und engmaschig zu betreuen. Transformationsfelder müssen klar erkannt und in Projekte überführt werden, Zuständigkeiten müssen verteilt und wichtige Meilensteine festgelegt werden. Nur so lässt sich ein Mammutprogramm wie der Umbau der gesamten IT eines Unternehmens realisieren und dabei gleichzeitig zu jedem Zeitpunkt auch stabil betreiben lassen.

Mit einer Transformation Roadmap legt ein Unternehmen den wesentlichen Grundstein für eine erfolgreiche Transformation seiner IT-Funktion. Ob diese Transformation aus Gründen der zunehmenden Digitalisierung, zur Kostenoptimierung, zwecks Effizienzsteigerung, weiterer Automatisierungen oder einer beliebig langen Liste weiterer Gründe und Kombinationen von Gründen erforderlich ist, wird unerheblich sein. In aller Regel ist es ein breites Spektrum von Transformationsbedarfen, die über eine ganzheitliche Roadmap abgedeckt werden und im Zusammenhang umgesetzt werden.

Vielleicht fragen Sie sich an dieser Stelle: Warum nicht für jedes Teilvorhaben eine eigene Roadmap erstellen? Davon ist aus einem ganz bestimmten Grund schärfstens abzuraten: Eine Vielzahl von technischen Änderungen, Einführungen und Abschaffungen bedingen sich gegenseitig. In der vernetzten Welt sind alle Applikationen, Prozesse und Systeme aufeinander angewiesen. Umso wichtiger ist die ganzheitliche Betrachtung aller Transformationsbedarfe in einer Roadmap. Es sei nochmals erinnert: Der operative Betrieb muss stets gewährleistet bleiben.

Eine Transformation Roadmap soll diese wichtigen Eckpunkte festhalten. Sie ist der Weg, um vom Current Mode of Operation (CMO) zum Future Mode of Operation (FMO) zu gelangen.

Das Gute für Sie in Ihrer Rolle als Aufsichtsrat bzw. Beirat ist, dass Sie nicht in der Verantwortung stehen, eine solche Roadmap auf die Beine zu stellen. Aber es liegt durchaus in Ihrem Interesse, sie vollends zu verstehen, kritische Fragen dazu zu stellen und gegebenenfalls Anpassungen anzuregen. Denn: Grobe Fehleinschätzungen, insbesondere bei den zeitlichen Ressourcen, können Transformationsprojekte scheitern lassen – und damit ein ganzes Business in Gefahr bringen.

Um diese Funktion übernehmen zu können, hilft ein grobes Verständnis über den Entstehungsprozess einer Transformation Roadmap. Sie erinnern sich sicher an unsere Definition des Business-IT Fits. Wurde dieser in Ihrem Unternehmen durchgeführt, haben sich aller Wahrscheinlichkeit nach mehrere Gaps ergeben, die zwischen der IT-Funktion und dem Business klaffen. Zur Überwindung dieser Gaps wird es typischerweise einer oder gleich mehrerer technischer Initiativen bedürfen.

Herauszufinden, welche das sind, ist der erste Schritt zur erfolgreichen Umsetzung. Nehmen wir an, es wurden mehrere

Initiativen identifiziert und definiert, müssen nun Abhängigkeiten zwischen ihnen ausfindig gemacht werden. Wie bereits erläutert, ist IT im wahrsten Sinne des Wortes engmaschig vernetzt und voneinander abhängig. Die richtige Reihenfolge der Implementation ist entscheidend. So wird ein zeitlicher Ablauf definiert, in welchem die einzelnen Initiativen umgesetzt werden. Dabei wird sich ergeben, welche Umsetzungen parallel erfolgen müssen (da der gemeinsame Aufbau entscheidend ist) und welche Umsetzung abgeschlossen sein muss, bevor eine weitere Initiative darauf aufbauen kann. Am Ende steht – idealerweise – eine in sich schlüssige, logische und aufeinander aufbauende Roadmap.

Für Sie als Beirat bzw. Aufsichtsrat bedeutet das: Werfen Sie einen kritischen Blick auf mögliche, nicht erkannte Abhängigkeiten, und weisen Sie darauf hin, wenn zeitliche Abhängigkeiten zu eng bemessen sind.

Wo wir gerade vom zeitlichen Horizont sprechen: Haben Sie eine umfangreiche Roadmap zur Umstrukturierung der IT mit einem Zeithorizont von einem Jahr vorliegen? In diesem Fall sollten alle Alarmglocken läuten. In der Regel reden wir bei einem solchen Transformationsprozess von einem Zeithorizont zwischen zwei und vier Jahren, wenn er realistisch bemessen wurde.

Kommen wir nun zu den typischen Elementen einer Transformation Roadmap. Sie ist in der Regel mit zwei Achsen ausgestattet: einer Zeitachse und einer Handlungsachse.

Die Zeitachse der Roadmap: Phasen

Neben einer zeitlichen Einschätzung ist es für die bessere Einordnung der einzelnen Initiativen empfehlenswert, Phasen der

Umsetzung zu benennen. So lässt sich gut erkennen, in welchem Status sich das Unternehmen gerade befindet und festlegen, welche Meilensteine aus dem Abschluss jeder Phase abgeleitet werden. Gerne geben wir Ihnen einige Beispiele für solche Phasen:

Beispiel 1:

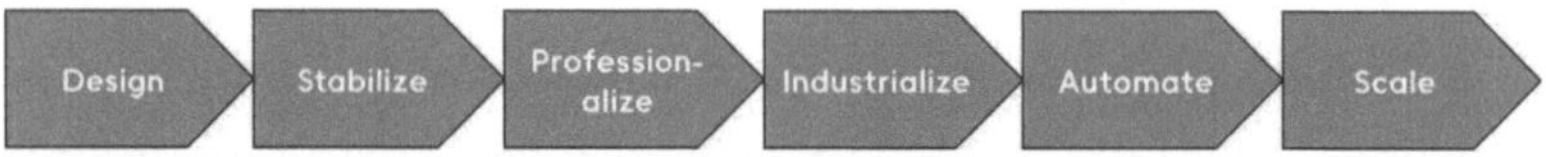

Beispiel 2:

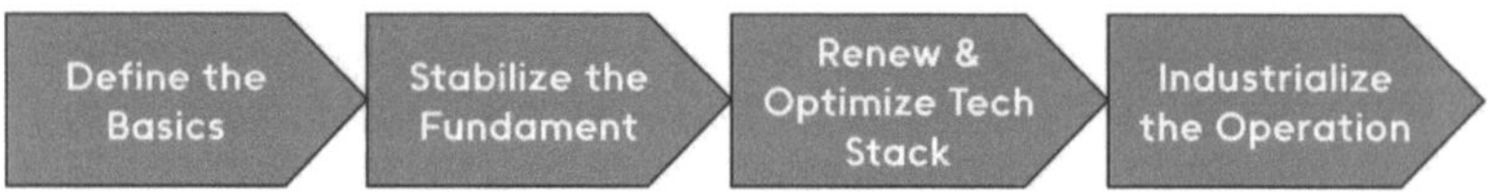

Die Unterschiedlichkeit der beiden Beispiele zeigt, wie stark die Phasen von der Ausgangssituation im Unternehmen und dem Handlungsbereich abhängen. Daher nochmals der Hinweis: Das sind keine Templates für Ihren Unternehmensfall! Es ist sehr gut möglich, dass kein einziger der bislang genannten Begrifflichkeiten in Ihrer Roadmap zu finden ist. Wir möchten Ihnen damit lediglich ein Gefühl für mögliche, sinnige Einteilungen der Roadmap geben.

Diese Phasen sind eher auf Programmebene zu verstehen und recht plakativ. Dies darf nicht darüber hinwegtäuschen, dass auf der Projektebene auch kurzfristige und agil gesteuerte Projekte durchgeführt werden.

Die Handlungsachse der Roadmap: Handlungsfelder

Die Komplexität einer üblichen Transformation verlangt in aller Regel Anpassungen in unterschiedlichen Handlungsfeldern über die verschiedenen Phasen hinweg. Diese lassen sich meist gut in überschaubare Handlungsstränge zusammenfassen. Das Kriterium für die Klammer um einen Handlungsstrang ist häufig die Gleichartigkeit der Aktivitäten bezüglich ihrer Steuerung. Mögliche Beispiele für Handlungsstränge in einer Transformation können sein:

Beispiel 1:

Beispiel 2:

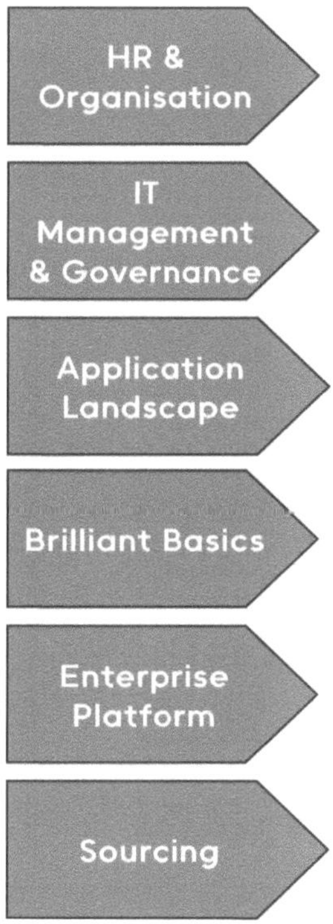

Sie sehen auf einem Blick die starken Überschneidungen zum TOM, was die vertikale Einordnung unterschiedlicher Maßnahmen betrifft. Wichtig ist, dass jeder gefundene Gap und jede daraus resultierende Maßnahme im Rahmen des TOMs ein Zuhause in der Transformation Roadmap findet.

Durch die Beirätin gut vorbereitet und abgeholt hat die Geschäftsleitung der Somapro unter Leitung der Interim CIO Charlotte eine Roadmap erarbeitet, die sowohl eine Zeitachse mit Phasen (Design & Aufbau, Umsetzung & Professionalisierung, Industrialisierung & Automation) als auch Handlungsfelder (Organisation & Governance, Sourcing & Delivery Model, Capabilities) enthält. Die Beirätin wirft einen Blick darauf, um abzugleichen, ob alle erkannten Gaps damit abgedeckt und gefüllt werden, und ob Abhängigkeiten der einzelnen Initiativen beachtet wurden.

	Design & Aufbau	Umsetzen & Professionalisieren	Industrialisieren & Automatisieren
Organisation & Governance	• CIO-Office und Governance bilden • S&V aufbauen • Retained IT & neue Integration Unit designen	• Go-live Retained IT • Governance aktivieren • Aufbau des Integrationsteam	• Business: Steering • IT & Change Kompetenz ausbauen • Kunden Plattform bieten
Sourcing & Delivery Model	• Go-to-Market der Infrastruktur Services • Strategische Partner für Projekte finden	• Transition • Digitale Projekte mit Partnern realiseren	• Transformation der IT auf nächstes Level heben • Automatisierung fördern
Capabilities	• Aufbau OT-Kompetenz • IoT Kompetenz • IT Management Capabilities	• Aufbau des „Front Face" • Customer Care Mentality • Data science	• (Predictive) Maintenance & Repair einführen • Industrie 4.0 mitdenken
	Jahr 1	Jahr 2	Jahr 3

Die Beirätin ist zufrieden. Denn: Im ersten Umsetzungsjahr konzentriert sich Somapro voll und ganz darauf, die notwendige Basis für das Transformationsvorhaben aufzubauen, anstatt Schnellschüsse zu fahren. Erst, wenn auf C-Level und operativer Ebene die notwendigen Positionen und Bereiche aufgebaut wurden, geht das Unternehmen in die zweite Phase, also den Live-Betrieb, über. Hier gilt es, die Basis mit Leben zu befüllen und neue Prozesse und Strukturen zu professionalisieren und standardisieren. Auch, wenn der Go-Live selbst kein Jahr in Anspruch nehmen sollte, ist ein guter Zeitpuffer für aufkommende Herausforderungen, technologische Neuerungen oder völlig neue Kundenanforderungen sehr wichtig. Zu guter Letzt kann sich die Somapro nach der erfolgreichen Umsetzung den „Wind of Change" zunutze machen und gleich jene Strukturen etablieren, die weitere Entwicklungen ermöglichen und so das Unternehmen langfristig unter Umständen zu einem Global Player machen.

Wie bereits erwähnt, haben Sie aus Ihrer Beirats-/Aufsichtsratsfunktion sicher den Anspruch, die Roadmap kritisch zu betrachten – und sich dabei nicht nur auf das Bauchgefühl zu verlassen. Gerne geben wir Ihnen einige konkrete Fragen mit auf den Weg, mit denen Sie eine Roadmap angemessen durchleuchten können:

- **Ressourcenengpass:** Wo sind auffallend viele Handlungen vorgesehen? Sind typische Auslastungsspitzen (bspw. E-Commerce: Feiertage) mitgedacht? Ist genug Personal für einzelne Handlungen eingeplant? Wo könnte die Beschaffung zusätzlichen Personals problematisch werden? Können technologische Engpässe auftreten (Stichwort Lieferschwierigkeiten)?

- **Überschätzung:** Sind einzelne Schritte der Transformation vollständig und klar abgebildet? Ist ein Bewusstsein für Umfang und Tragweite einzelner Phasen vorhanden? Sind kritische Handlungsfelder mit genügend Ressourcen ausgestattet? Ist der laufende Betrieb durch das Vorhaben an irgendeiner Stelle in Gefahr?

- **Business-Prioritäten:** Sind die einzelnen Handlungen gemäß ihres Wertbeitrages zum Business priorisiert und mit einem logischen Ablauf versehen? Werden zunächst Quick-Wins erzeugt, um sichtbare Erfolge und Ergebnisse zu erzielen? Kann die Moral durch regelmäßige Zielerreichung aufrechterhalten werden? Müssen bestimmte Handlungen vorgezogen werden, um das Betriebsergebnis nicht in Gefahr zu bringen?

- **Security:** Ist die Roadmap unter den notwendigen Rahmenbedingungen abzuarbeiten? Welche neuen Angriffsvektoren und Sicherheitslücken ergeben sich aus den Maßnahmen? Wie können nötige Sicherheitsmaßnahmen erhöht werden? Ist genug Expertise für die Umsetzung kritischer Vorhaben eingeplant oder dessen Aufbau mitgedacht?

- **Finanzierung:** Sind Investments über alle Phasen gleich bzw. angemessen verteilt? Könnte es zu Cashflow-Engpässen kommen? Besteht das Risiko unerwartet hoher Ausgaben? Wann ist mit ersten Effizienzvorteilen kalkuliert worden? Wie könnte im Bedarfsfall auf abweichende Geschäftsentwicklungen reagiert werden?

Neben diesen Fragen wird es noch viele weitere, individuelle Fälle geben, die kritisch zu hinterfragen und immer wieder anzustoßen sind. Behalten Sie stets im Hinterkopf, auf eine gesunde Ressourcenauslastung zu fokussieren, die Finanzierung zu gewährleisten und mit regelmäßigen Prüfpunkten bzw. Meilensteinen den tatsächlichen Erfolg der Roadmap zu messen. Scheuen Sie sich nicht, Anpassungen einzufordern, wenn Sie deren Notwendigkeit frühzeitig erkennen – egal, aus welchem Grund.

Kapitel 8: Die IT ist auf Kurs – Was ist passiert?

Was für ein Jahr. Die Zeit ist wie im Flug vergangen – doch sie konnte dank der sinnvollen Leitplanken durch die Beirätin sowie ihre initiierten Analysen und Planungen sinnvoll genutzt werden.

Was hat die Somapro GmbH innerhalb eines Jahres konkret erreicht?

Die Beirätin reflektiert: Das Unternehmen...

...hat auf Ebene der Geschäftsleitung ein tiefes Verständnis für die IT und ihre Architektur erlangt. Sie kennen die verschiedenen Rollen der IT und können auf hoher Flugebene einordnen, welche Rollen im eigenen Unternehmen nötig sind. Es besteht ein über alle Fachfunktionen des Unternehmens hinweg ausgesprochener Konsens über die Relevanz.

...hat mit Anna eine Beirätin speziell für alles Digitale in ihr oberstes Gremium berufen. Daraus resultiert eine dauerhafte Präsenz des Themas in allen Beiratssitzungen.

...hat inzwischen Charlotte als Interim CIO beauftragt. Charlotte ist nun Mitglied der Geschäftsleitung. Dadurch ist erstmalig in der Somapro die IT-Funktion direkt auf der Geschäftsleitungsebene vertreten.

...hat eine umfangreiche Fit-Gap-Analyse durchgeführt, die den Status Quo mit der neuen strategischen Stoßrichtung abgeglichen und Schwachstellen in der bisherigen IT-Organisation aufgezeigt

hat. So konnten zehn wesentliche Bausteine ermittelt werden, um die IT- und die Business-Strategie in Einklang zu bringen.

...hat auf Basis der ermittelten Gaps ein IT Target Operating Model anfertigen lassen, welches den Bauplan für Somapros „Haus der IT" beinhaltet. Das TOM legt neben der Vision und Mission für die IT fest, wie diese Ziele erreicht werden und welche Zuständigkeiten es dafür benötigt.

...hat die Umsetzung des Bauplans in Form einer Transformation Roadmap geplant, die von der Geschäftsführung verabschiedet wurde. Charlotte verantwortet die Umsetzung auf höchster Ebene. Der Beirat hat die Kontrolle der Umsetzung sowie Anpassungsbedarfe als regelmäßigen Agendapunkt auf seinen Sitzungen eingeführt und beobachtet die getätigten Investitionen akribisch. Mit Beginn der tatsächlichen Umsetzung werden zahlreiche Diskurse um Investitionshöhen und Nutzen geführt.

...hat ein CIO-Office etabliert, noch bevor die ganzheitliche Restrukturierung der IT geplant und abgeschlossen ist. Das CIO-Office übernimmt eine zentrale Rolle in der Umsetzung der Transformation.

...hat kulturell im Unternehmen bereits viel bewegt und die Vision von neuen digitalen Services und die Integration bei Kunden vor Ort in der Organisation verankert.

Anna wird den Erfolg und den Weg der Umsetzung der Transformation eng beobachten. Ganz sicher wird Anna sich weiter stark aktivistisch mit Rat und Tat einbringen.

Ein besonderer Punkt der Transformation Roadmap rückt nun besonders stark in das Augenmerk der Beirätin und damit auch der Geschäftsleitung: die Stärkung der IT Security.

Was wir für das spezifische Beispiel unserer Somapro nachvollzogen haben, ist gar nicht so untypisch. Auch wenn es kein pauschales Vorgehen gibt, so lassen sich essentielle Bausteine und Schritte identifizieren auf dem Weg zu einer „passenden IT“. Der erste Teil des Buches hat einige davon vorgestellt. Zusammenfassend wollen wir nochmal folgende Schritte vorschlagen:

- Strategischen Business-Fit der IT ermitteln,
- Fit-Gap ermitteln zum angestrebten Business-Fit,
- Strategischen Stellenwert der IT festlegen,
- Diagnostik des Reifegrades der Digitalisierung,
- Diagnostik des Reifegrades der IT-Disziplinen,
- Target Operating Model definieren,
- Transformation Roadmap zur Umsetzung definieren.

Die Schritte erscheinen recht übersichtlich, decken aber viele fundamentale Fragestellungen ab. Daher können die Analysen und Designaktivitäten bis zur Fertigstellung eines TOM durchaus ein Jahr oder länger dauern. Die darauffolgende Transformation wird – je nach Umfang der Änderungen – deutlich mehr Zeit in Anspruch nehmen, oftmals zwei bis vier Jahre.

An dieser Stelle heißt es: Durchatmen. Sie haben mit Abschluss dieses Kapitels bereits ein umfangreiches IT-Wissen, wie es sich der moderne Aufsichtsrat bzw. Beirat aneignen sollte, erlangt. Doch es wird Ihnen sicherlich nicht entgangen sein, wie häufig wir in den bisherigen Kapiteln auf das Thema IT-Risiken und IT-Security oder auch Cybersecurity eingegangen sind. Das hat einen äußerst wichtigen Grund: Das Thema gehört sehr häufig und sehr weit oben auf die Agenda eines jeden Beirats und Aufsichtsrats.

Je bedeutsamer und tragender die IT für das Business wird, je stärker wir automatisieren und digitalisieren, je mehr unser Business digital funktioniert, je enger und digitaler wir mit unseren Kunden und Lieferanten arbeiten, je enger unsere Produktionsanlagen vernetzt sind, umso gravierender sind die Konsequenzen von Ausfällen. Im schlimmsten Falle reicht bereits eine einzige erfolgreiche Cyberattacke aus, um ein Unternehmen in die Insolvenz zu treiben.

Der Beirat bzw. Aufsichtsrat hat als Kontrollorgan deshalb einen besonderen Fokus auf die Sicherheit des Unternehmens und damit insbesondere die IT-Sicherheit zu legen.

Aus diesem Grund möchten wir Ihnen in den folgenden Kapiteln einen Deep Dive in das Thema IT-Risiken und IT Security anbieten.

Kapitel 9: IT und ihre Risiken – Ein Überblick

Anna ist wahrlich zufrieden mit dem bisherigen Fortschritt der Somapro GmbH, seit sie die Rolle der Beirätin innehat. Sie hat ein umfangreiches Bild der IT-Landschaft und Rollen erhalten und konnte so gemeinsam mit der Geschäftsführung die richtigen Schritte in die Wege leiten, um das Unternehmen auf den bevorstehenden, strategischen sowie strukturellen Wandel vorzubereiten. Künftige Aktionen und Maßnahmen werden durch die ausgearbeiteten Transformation Roadmap gesteuert sowie kontrolliert. Was in ihren Augen nun noch fehlt, um das Unternehmen stabil für eine Zukunft als Werkzeug- und Technologieunternehmen aufzustellen, ist ein fortschrittliches IT-Risikomanagement mit besonderem Blick auf IT-Security. Da die strategischen Maßnahmen nach und nach in die Operative übergeben werden konnten, nutzt die Beirätin die freigewordenen Ressourcen, um dieses Thema auf die Agenda der nächsten Beiratssitzung zu setzen.

IT-Risiken sind mit dem immer größeren Einfluss der IT auf das Business eines Unternehmens zurecht immer stärker im Fokus. Insbesondere die Schnelllebigkeit und der enorme Zuwachs an neuen technologischen Entwicklungen macht es zu einer schwierigen Aufgabe, eine kontinuierliche Sicherheit zu gewährleisten und trotzdem innovativ zu agieren. Insbesondere mittelständische Unternehmen sind auf diesem Gebiet mit großer Vorsicht unterwegs – drohen durch eine zu konservative Haltung aber auch technologisch abgehängt zu werden.

Wir möchten Ihnen deshalb in diesem Abschnitt ein Gefühl dafür geben, welche Thematiken sich auf der Agenda „IT-Risiken“

in Ihrem Mandatsunternehmen befinden sollten, wie Sie diesen Themen begegnen und eine Strategie aufstellen, die kommenden Entwicklungen standhält und einen – so weit wie möglich – allgemeingültigen Fahrplan darstellt.

Was fällt konkret unter das Stichwort „IT-Risiken“, von denen Sie in der Rolle als Beirat bzw. Aufsichtsrat Kenntnis haben sollten?

- **Cybersecurity-Risiken:** Das Risiko von Hacker- und Cyberangriffen auf Unternehmen und deren Systeme nimmt immer weiter zu. Ein Beirat oder Aufsichtsrat sollte sich daher mit den grundlegenden Maßnahmen zur Erhöhung der Cybersicherheit vertraut machen und die Entwicklung von Cybersecurity-Strategien unterstützen.

- **Datensicherheitsrisiken:** Datenschutzverletzungen oder -verluste können schwerwiegende Folgen haben. Ein Beirat bzw. Aufsichtsrat sollte sich bewusst sein, wie wichtig es ist, angemessene Maßnahmen zur Datensicherheit zu ergreifen.

- **Compliance-Risiken:** Das Risiko von Non-Compliance und Verstöße gegen Vorschriften, Gesetze und Richtlinien können erhebliche Auswirkungen auf das Unternehmen haben. Ein Beirat bzw. Aufsichtsrat sollte sicherstellen, dass das Unternehmen alle geltenden Bestimmungen einhält und entsprechende Maßnahmen ergreift, um Compliance-Risiken zu minimieren.

- **IT-Verfügbarkeitsrisiken:** IT-Ausfälle oder Systemausfälle können zu erheblichen Störungen im Geschäftsbetrieb führen. Ein Beirat bzw. Aufsichtsrat sollte sicherstellen, dass das Unternehmen angemessene Maßnahmen zur

Gewährleistung der IT-Verfügbarkeit und des Disaster Recovery getroffen hat.

- **Technologierisiken:** Technologische Veränderungen und Entwicklungen können das Unternehmen beeinflussen und zu einem Wettbewerbsnachteil führen. Ein Beirat/Aufsichtsrat sollte sich über neue Technologien und deren Auswirkungen auf das Unternehmen auf dem Laufenden halten.

Für jedes einzelne dieser Themen finden Sie auf den folgenden Seiten den passenden Exkurs. Nehmen Sie sich gerne jenen Themen an, die Sie interessieren oder aktuelle Relevanz in Ihrem Unternehmen haben. Eine Ausnahme stellt der Punkt Cybersecurity-Risiken dar: Diesem umfangreichen Punkt möchten wir nicht nur einen Exkurs, sondern mehrere ausführliche Kapitel widmen, die Sie im Anschluss an die Exkurse finden.

Die hohe branchenunabhängige Relevanz von Cybersecurity haben wir mehrfach im Rahmen der Augsburger Seminarreihen reflektiert und praxiserfahren beleuchtet. Cybersecurity ist regelmäßig das am intensivsten diskutierte Thema unter erfahrenen Aufsichtsräten, Beiräten und C-Level-Managern. Viele mussten bereits persönliche Erfahrungen sammeln, so dass die besonderen Schwerpunkte aus Board-Perspektive eingeflossen sind. Diesem starken Interesse wollen wir natürlich im vorliegenden Werk gerecht werden.

Exkurs: Datenschutz

Der Datenschutz ist für viele Geschäftsführungs- und Kontrollgremien ein eher leidiges Thema und wird oftmals als Hindernis gesehen. Dennoch gehört dieser Punkt unbedingt auf die Agenda in einem Beratungsgremium.

Die Europäische Datenschutzgrundverordnung (DSGVO) gilt bereits seit 2018 als einheitliches Recht europaweit. So weit, so bekannt. Doch nicht immer sind die Auswirkungen in jedem Unternehmen in Prozessen, Systemen und den Köpfen von Verantwortlichen gleichermaßen verankert.

Wie kann ein Beirat und Aufsichtsrat die Thematik in seiner Arbeit berücksichtigen? Um hierfür ein besseres Gefühl zu bekommen, werfen wir zunächst einen Blick auf die grundlegenden Inhalte der DSGVO:

- Sie beinhaltet Grundsätze zur Verarbeitung personenbezogener Daten, wie den Grundsatz der Zweckbindung oder der Datenminimierung.
- Sie regelt Rechte der betroffenen Personen, z.B. das Recht auf Auskunft über gespeicherte Daten.
- Sie verlangt nach Datenschutz-Folgenabschätzungen bei hohem Risiko durch Verarbeitung personenbezogener Daten.

Was hat das mit den Rechten und Pflichten eines Aufsichtsrats oder Beirats zu tun? In aller erster Linie geht es hierbei um ein Risiko für ein Unternehmen, das beachtet und minimiert werden sollte. Die Geldbußen für eine Missachtung sind durch die DSGVO drastisch angestiegen und können bis zu vier Prozent des Jahresumsatzes ausmachen. Ein Verstoß ist damit durchaus spürbar. Neben einem direkten finanziellen Schaden ist oftmals der mögliche Reputationsschaden um ein Vielfaches größer, insbesondere in Branchen mit hoher Sensibilität für personenbezogene Daten.

Wie können Sie konkret dabei mitwirken, dass sich Ihr Mandatsunternehmen in einer guten Ausgangslage befindet, wenn es um die DSGVO geht?

Mitunter durch Einwirken auf die richtige Wahl des Datenschutzbeauftragten. Oft wird diese Rolle in der Realität weder gezielt noch mit Bedacht besetzt. Es gibt ihn – aber was er genau tut und ob er die notwendigen Kompetenzen mitbringt, wird leider nicht genug hinterfragt. Doch der Rolle fällt im heutigen Zeitalter der Digitalisierung eine entscheidende Gestaltungstragweite zu. Der Datenschützer sollte Wege finden, neue Technologien zu ermöglichen und im Unternehmen zu erlauben. Historisch werden die Datenschützer gelegentlich als Verhinderer gebrandmarkt, weil sie das Business oder die IT mit Verboten belegt haben. Heute erwarten Unternehmen zu Recht die Beratung, wie Wege aussehen können, um sensible Daten mit modernen Technologien verarbeiten zu können.

Setzen Sie sich einmal mit der Position auseinander. Fragen Sie nach, wer sie innehat und warum. Und sprechen Sie gegebenenfalls eine Empfehlung für eine Neubesetzung aus.

Die richtige Person für dieses Amt sollte sich als Berater und Wegweiser verstehen. Wenn sie darüber hinaus selbst ein gutes Gespür für das Business mitbringt und dessen Datenbedarf, vereinfacht dies einiges. So lassen sich frühzeitig mögliche Gefahrenquellen eliminieren und Daten rechtskonform für das Business nutzen.

Dabei muss eine Besetzung nicht zwangsläufig intern erfolgen. Den Datenschutzbeauftragten gibt es mittlerweile auch „as a Service“. Speziell für den Mittelstand ist dies oft die bessere Wahl. Sie ermöglicht es, fehlende eigene Kompetenz im Bereich Datenschutz von außen einzubringen, von vielen etablierten Best-Practices zu profitieren, den gewünschten Mindset und die nötige Gestalter-Rolle auszuprägen und sich gleichzeitig abzusichern. Der Vorteil dieser externen Datenschützer ist, dass sie vollumfänglich im Thema stecken.

In der Regel können sie für alle üblichen Standardfragestellungen, wie etwa Cloud Computing oder die Nutzung globaler Kollaborationsplattformen, eine erprobte und fertige Lösung einbringen. Das spart Geld und bringt Sicherheit.

Ein weiterer Weg, wie Sie als Beirat auf das Thema einwirken können, ist die Überprüfung von Prozessen und die Verankerung im Unternehmen. So kann das Kontrollgremium hinterfragen: Wie sind Mitarbeitende geschult? Gibt es einen klaren Prozess? Ist sichergestellt, dass Verstöße innerhalb der geforderten Frist von 72 Stunden gemeldet werden? Wer meldet den Vorfall? Wie wird mit den Folgen umgegangen?

Wichtig sind an dieser Stelle vor allem das Inkenntnissetzen der zuständigen Aufsichtsbehörde sowie der betroffenen Personen. Achtung: Es können zudem länderspezifische Regelungen existieren, die die DSGVO erweitern oder verschärfen. Machen Sie sich entsprechend mit nationalen Regularien vertraut.

Vor allem, wenn Sie in einem datensensiblen Umfeld agieren, kann sich unter Umständen eine Zertifizierung lohnen. Hierbei existieren verschiedene Anbieter auf dem Markt, die die DSGVO-Konformität überprüfen und unabhängig bestätigen. Das ist vor allem eine öffentlichkeitswirksame Methode, die DSGVO für Ihr Unternehmen zu nutzen und Vertrauen aufzubauen. Eine Absicherung des Unternehmens sollte darin allerdings nicht gesehen werden. Das heißt außerdem: Selbst wenn Ihr Mandatsunternehmen zertifiziert ist, sollten Sie einen prüfenden Blick auf die realen Bedingungen werfen.

Exkurs: IT-Compliance

Compliance ist ein Begriff, dem wir auch im Kontext der IT und vieler digitaler Lösungen begegnen. Die vorausgegangene Datenschutzgrundverordnung ist nur eines von vielen Beispielen an Gesetzen und Richtlinien, die es zu beachten gilt.

Neben derart weitreichenden und allgemeingültigen Gesetzen gibt es viele spezifische Regelungen für einzelne Branchen. So beschäftigen uns in der IT spezifische Compliance-Anforderungen für Soft- und Hardware.

Wir möchten Ihnen nachfolgend ein Gespür dafür vermitteln, welche Themengebiete über kurz oder lang zu einem IT-Compliance Fall werden können.

Dass solche Vorfälle möglichst selten passieren, sollte das oberste Interesse des Aufsichtsrats oder Beirats sein. Auf einen Verstoß folgen meist nicht nur erhebliche finanzielle Schäden, sondern auch weitere rechtliche Konsequenzen.

Zwar ist in erster Linie bei Verstößen die Geschäftsleitung haftbar zu machen, es kann in Folge aber auch in Frage gestellt werden, ob insbesondere der Aufsichtsrat seiner Funktion als Kontrollorgan gerecht geworden ist. Ganz zu schweigen von den Reputationsschäden, die durch einen schweren Compliance-Verstoß entstehen können.

In der nachfolgenden Tabelle wollen wir einen Überblick über besonders relevante Kategorien der IT-Compliance geben.

Kategorie	Beispiel
Policy Management Richtlinienverwaltung von Soft-/Hardware	Zugriffskontrollen durch Autorisierung
Licence Management Ausreichende Lizensierung in Menge und Umfang und Anwendung	Lizenzverträge prüfen, Vermessungen und Audits durchführen
Datenklassifikation Definieren und Kategorisieren von Daten	Kategorisierung der Sensibilität von Daten
Allgemeine gesetzliche Vorschriften Überprüfung der Einhaltung gesetzlicher Regelungen	DSGVO
Spezielle gesetzliche Vorschriften Spezielle IT-Compliance Regelung je nach Branche oder Unternehmensart	Banken, Militär, Nuklear
KRITIS Schutz Kritischer Infrastrukturen in Deutschland - analoge nationale Sicherheitsvorschriften gibt es in den allermeisten Ländern	Schärfere Vorschriften & Meldepflicht BSI
Vergaberechte Rechtliche Regelung bei öffentlichen Aufträgen	EU-Vergaberecht
Vorgehensmodelle und Dokumentation Spezielle Vorgehensmodelle werden in regulierten Bereichen oftmals angefordert.	Luftfahrt, Öffentliche Verwaltung

Besonders auf das Policy-Management und das Licence-Management wollen wir die Aufmerksamkeit lenken. Lizenzverstöße haben hohe Strafzahlungen und schmerzhafte Nachlizensierungen zur Folge. Besonders relevant sind die großen Unternehmensplattformen wie ERP oder Kollaborationsplattformen wie auch Datenbanklizenzen.

Der Umzug von Softwareprodukten in die Cloud ist eine weitere Herausforderung für Unternehmen. Oftmals verändern sich Lizenzmodelle für Cloud-Lösungen. Grade bei Software-as-a-Service Lösungen ist die Nutzung für den Lizenzgeber transparent ersichtlich.

Nun mag der Laie denken, dass eine Erfassung von Lizenzen ein einfaches Verfahren und eindeutig abzuklären sei. Mitnichten! Lizenzmodelle sind komplex – erst recht, wenn es an die großen Systeme oder Datenbanken geht. Lizenzen bedürfen in der Regel einer automatisierten Vermessung. Dies ist zudem kein einmaliger Aufwand, sondern muss regelmäßig wiederholt werden, mindestens einmal pro Jahr. Der Ausgangspunkt sollte stets ein sauberes Inventar an Lizenzen sein. Dort sind vorhandene Lizenzen erfasst und werden im Falle weiterer Nutzer nachlizensiert und dokumentiert.

Darüber hinaus ist es gängige Praxis, das ehemalige Open Source-Software, also frei verwendbare Produkte, von großen Softwareanbietern aufgekauft werden und plötzlich eine Lizenzierung fällig wird. Das gilt auch für die Verwendung von Codes.

Als Aufsichtsrat oder Beirat können Sie gezielt nach Auditergebnissen von Lizenzvermessungen fragen und auf solche Problematiken aufmerksam machen. Dies wird das Mandatsunternehmen vor hohen Straf- und Nachzahlungen bewahren.

Besondere Compliance-Maßnahmen fallen zudem in kritischen Branchen an: Insbesondere im Finanz- oder Militärsektor gelten strenge Regeln, die auch den Einsatz von IT betreffen. Informieren Sie sich deshalb regelmäßig über die Sachlage für Ihr spezielles Gebiet.

Hierzu gehören auch die sogenannten Betreiber kritischer Infrastrukturen in Deutschland, kurz KRITIS. Analoge Regelungen gibt es in vielen anderen Ländern auch.

Als KRITIS werden solche Organisationen kategorisiert, welche besondere Bedeutung für das Funktionieren des Staates haben und deren Ausfall Versorgungsengpässe und erhebliche Störungen der öffentlichen Sicherheit zur Folge hätte oder weitere dramatische Folgen auslösen würde. Wer exakt dazu gehört, ist staatlich geregelt in der sogenannten KRITIS-Verordnung und beim Bundesamt für Sicherheit in der Informationstechnik (BSI) nachzulesen.

KRITIS-Unternehmen unterliegen dem IT-Sicherheitsgesetz des BSI. Besonders relevant sind dabei die Meldepflicht von IT-Sicherheitsvorfällen an das BSI, die erhöhten Anforderungen an die IT-Sicherheitsstandards sowie die Durchführung von Prüfungen und Zertifizierungen.

In diesen Fällen haben Sie als Kontrollgremium eine besondere Verantwortung, die Standards in Ihrem Unternehmen kritisch zu hinterfragen, sich den genauen Ablauf im Falle eines Sicherheitsvorfalles erklären zu lassen und gegebenenfalls Maßnahmen zur Sicherstellung der Einhaltung einzubringen.

Sie sehen: IT-Compliance ist ein weites Feld, welches sehr viele Variablen beinhaltet. Es ist niemals Ihre Aufgabe, in all diesen Bereichen Expertenwissen aufzubauen. Sie sollten aber durchaus in der Lage sein, Gefahrenquellen zu erkennen – insbesondere, wenn neue IT-Infrastrukturen aufgebaut werden und damit neue Sicherheits- und Compliance-Anforderungen entstehen. Sorgen Sie dafür, dass die Verantwortlichen im Unternehmen wachsam bleiben.

Exkurs: IT-Availability

Wenn wir von IT-Verfügbarkeit sprechen, gibt es gleich mehrere Stellschrauben, die in diesem Zusammenhang erwähnt werden sollten. Einfach gesprochen meinen wir damit: Wie betriebstüchtig verfügbar ist eine spezifische IT-Lösung in Ihrem Unternehmen? Wie oft sind Ausfälle akzeptabel? Wie lange dürfen Ausfälle dauern?

Nehmen wir an, ein Service-Anbieter garantiert, dass sein IT-Produkt Ihrem Unternehmen zu 97,5 Prozent der Zeit zur Verfügung steht. Hört sich erst einmal ganz gut an. Aber, und hier kommt simple Mathematik ins Spiel, auf das Jahr gesehen bedeutet das: Was auch immer mit der Software betrieben wird, kann ganze neun Tage stillstehen. Und schon sehen wir uns mit einer massiven Ausfallzeit konfrontiert, die speziell im Produktionsumfeld auch starke finanzielle Auswirkungen hat.

Intuitiv sollten wir also eine höhere Verfügbarkeit verlangen. Ab 99,9 Prozent Verfügbarkeit (was einen maximalen Ausfall von ca. neun Stunden im Jahr bedeutet) kann von Hochverfügbarkeit gesprochen werden. Aber, Sie ahnen es, das hat seinen Preis. Technisch ist es durchaus möglich, auch weitere Neuner hinter dem Komma aufzureihen und Ausfälle damit auf wenige Minuten im Jahr zu reduzieren. Allerdings können Preise für diese Dienstleistungen den Nutzen für das Unternehmen weit übersteigen.

Vielleicht haben Sie bereits den Begriff „Service Level Agreement“ (SLA) gehört. Dieses ist die vertragliche Ausgestaltung und Garantie einer Verfügbarkeit für einen Service oder ein IT-

System. Es legt unter anderem fest, welche vertragliche Verfügbarkeit der Service-Anbieter garantiert.

SLA level	Downtime
97,5 %	9 Tage/Jahr
98 %	7,5 Tage/Jahr
99 %	3,5 Tage/Jahr
99,5 %	2 Tage/Jahr
99,9 %	9 Stunden/Jahr
99,99 %	1 Stunde/Jahr

Als Aufsichtsrat bzw. Beirat können Sie anstoßen, dass eine adäquate Verfügbarkeit der kritischen Systeme sichergestellt wird. Eine aktivistisch ausgeprägte Rolle eines Beirates könnte Einblicke erbitten und eine Gegenüberstellung der Anforderungen und vertraglichen Garantien anfordern. Gibt es hochrelevante Systeme, die mit einer zu niedrigen Verfügbarkeit ausgestattet sind? Dies ist oftmals in der Praxis der Fall. Systeme wurden Jahre zuvor auf ein Betriebsszenario ausgerichtet. Danach hat viel Digitalisierung stattgefunden und die Abhängigkeit von den verfügbaren Systemen hat deutlich zugenommen.

Eine Anpassung und Erhöhung der Verfügbarkeit hat in aller Regel fundamentale Auswirkungen auf die Systeme, ihre Hardware und das Betriebsmodell. Selten ist eine rein vertragliche Anpassung möglich. Vielleicht gibt es an anderer Stelle Dienstleistungen, deren Ausfall weniger problematisch ist, wie etwa bei unterstützenden Prozessen.

Interne Entwicklungen sollten ebenfalls kritisch betrachtet werden. Welche (technischen) Maßnahmen wurden getroffen, um die Verfügbarkeit zu steigern? Werden regelmäßige Tests zur Ausfallsicherheit durchgeführt? Werden Ausfälle überwacht? Was wird bei unerwartet hohen Störungszahlen unternommen? Und vor allem: Was passiert im Falle einer Störung?

Denn, und hier kommen wir zum zweiten, entscheidenden Punkt beim Thema IT-Verfügbarkeit: Ein Ausfall kann nicht nur bedeuten, dass ein System für eine gewisse Zeit stillsteht. Es kann auch mit dem Verlust von Daten einhergehen. Uns nützen auch 99,999 Prozent Verfügbarkeit nichts, wenn in einer entscheidenden Minute wertvolle Datensätze verloren gehen. Deshalb gilt es, eine geeignete Recovery- und Backup-Strategie zu entwickeln. Werfen Sie insbesondere auf jene Daten einen Blick, deren Verlust am schmerzhaftesten für das Unternehmen ist. Wir bezeichnen diese gerne als „Kronjuwelen" eines Unternehmens, die wahrlich auch in einer gut gesicherten Schatzkammer liegen sollten. Zum Beispiel können das sein:

- Informationen, die einzigartig für Ihr Unternehmen sind (Geschäftsgeheimnisse, eigene Modelle, kritische Personendaten),
- Produktionsdaten,
- maßgeschneiderte oder eigens entwickelte Software,
- Netzwerkstrukturen,
- sensible Hardware.

Insbesondere diese Assets sollten eine hohe Verfügbarkeit und einen massiven Schutz vor Verlust mit geeigneten Backup-Strategien unterliegen. Wie Sie eine vernünftige Backup-Strategie erkennen, erfahren Sie im Abschnitt zur IT-Security.

Zusammengefasst können Sie als Aufsichtsrat oder Beirat auf die IT-Verfügbarkeit am besten einwirken, indem Sie sicherstellen, dass die dafür benötigten finanziellen Mittel an die richtigen Stellen fließen. Weisen Sie auf den Sinn und Nutzen von SLAs hin und vor allem, welche Daten eine sehr gute vertragliche Regelung verdienen. Überprüfen Sie nicht nur präventive Maßnahmen, wie Verfügbarkeitstests und Monitoring, sondern hinterfragen Sie vor allem die Wiederherstellungsstrategien für den Fall der Fälle. Machen Sie deutlich, was ein Ausfall im Bereich der „Kronjuwelen“ bedeutet, und lassen Sie die „Schatzkammer“ entsprechend ausrüsten.

Exkurs: Technologierisiken

Unter dem Stichwort Technologierisiken lassen sich einige mögliche Gefahren zusammenfassen, die insbesondere durch den Einsatz neuer Technologien entstehen. In der Vergangenheit ist dieser Begriff häufig im Zusammenhang mit Kommunikation gefallen, wenn es darum ging, dass die verwendete Kommunikationstechnologie anfällig für Datenverluste ist.

Auch wenn keine allgemeingültige Definition zur Verfügung steht, wollen wir für unser Anliegen das Thema einordnen. Im weitesten Sinne können für unser Verständnis Technologierisiken aus den drei folgenden Szenarien entstehen:

Technologie ist fehlerhaft

Maschinen, Geräte, Produktionsstraßen sind das Herzstück vieler Unternehmen – und diese werden immer mehr zu High-Tech. Damit steigt das Risiko, dass sich Fehler in der Technologie einschleichen.

Jeder von uns kennt das klassische Beispiel des Autos: Früher war es sehr viel einfacher möglich, kleine Reparaturen selbst durchzuführen und Fehler konnten nur aus einigen, wenigen Quellen entstehen. Heute ist selbst der Wechsel eines Scheinwerferlichts meist Sache der Werkstatt. So ähnlich verhält es sich auch mit Produktionsmaschinen. Zunehmende Vernetzung, Automatisierung und der Einsatz von High-End-Technik erhöht die Komplexität sowie die Schwierigkeit, schnelle Lösungen zu finden. Hinzu kommt, dass Fehler hardware- und softwareseitig entstehen können – also nicht einmal mehr der Ort des Fehlers eindeutig zu benennen ist. Umso schwieriger wird es, die geeignete Person zur Behebung des Problems zu finden.

Besonders häufig ist dieses Risiko bei der Verwendung von Software anzutreffen. Sowohl Standardapplikationen als auch Eigenentwicklungen enthalten regelmäßig Entwicklungsfehler. Selbst umfängliches Qualitätsmanagement und Testverfahren können keine Fehlerfreiheit sicherstellen. Oftmals wird Software bereits im unreifen Zustand eingesetzt und damit ein Risiko aktiv eingegangen. Diese zusätzlichen Risiken im Geschäft müssen in Einführungs- und Änderungsprozessen konstruktiv betrachtet werden.

Zur Aufgabe des IT-Risikomanagements gehört es deshalb, geeignete Strategien der Fehlerbehebung und die notwendige Expertise bereitzustellen. Wie kann ein Aufsichtsrat und Beirat darauf Einfluss nehmen? Gerade die Einführung grundlegender Automatisierungen und Neuanschaffungen von Maschinen sind oftmals zustimmungspflichtige Geschäfte. Spätestens dann sollte ein Gremium-Mitglied die Vorlage der neuen oder zusätzlichen Risiken verlangen und den Ansatz des Risikomanagements kritisch hinterfragen.

Historisch bedingt werden häufig noch der Kauf und die Einführung von Produktionsmaschinen autark aus dem Produktionsbereich ohne die Einbindung der IT gesteuert. In diesen Fällen kann und muss das Gremium intervenieren. Der Großteil aller Risiken solcher Käufe wie auch das Management und die Mitigation dieser Risiken wird durch IT erfolgen. Dieser geänderte Sachverhalt muss in vielen Unternehmen noch Berücksichtigung in Prozess und Kultur finden. Ein Beirat kann dies treiben.

Technologie generiert Fehler

Der Mensch macht Fehler – Technologie auch. Und das zunehmend durch den Vormarsch an Künstlicher Intelligenz und dem Einsatz von Algorithmen. Ein klares Input-Output-Verhältnis ist nicht immer gegeben. Maschinen lernen selbst. Der Mensch kann den Start beeinflussen, aber nicht mehr unbedingt das Ende. Das ist auf der einen Seite großartig, um Dinge entstehen zu lassen, die von Menschenhand nur sehr schwer oder gar nicht erreichbar gewesen wären. Auf der anderen Seite kann das Ergebnis in eine unerwünschte Richtung verlaufen. Ein gängiges Beispiel sind Texte von generativen KIs, die in einem sehr überzeugenden Ton, gestützt mit vielen Fakten, Argumente liefern. Vieles davon basiert auf Wahrscheinlichkeiten und Fehler sind für den Laien oftmals nicht erkennbar. Stützt sich darauf beispielsweise eine ganze Abteilung und bewirbt ein Produkt mit falschen Fakten, kann dies in einem Imageschaden enden.

Ebenso können die Algorithmik oder Sensorik in Produktionskontexten fehlerhaft sein und physischen Schaden anrichten. Im schlimmsten Fall werden fehlerhafte Produkte produziert; die Fehler sind im Qualitätsmanagement nicht erkennbar, die Produkte werden ausgeliefert und verursachen weiteren Schaden etwa an viel größeren Produkten beim Kunden.

In diesen Fällen sollten sich Beiräte und Aufsichtsräte fragen, wie sie einwirken können, um derartige Risiken zu minimieren. Insbesondere in Sachen KI bedarf es womöglich einer grundlegenden Diskussion auf Board-Ebene, um ein gemeinsames Verständnis von Einsatzfeldern und dem passenden Grad an Risk-Taking und den möglichen Maßnahmen zur Mitigation abzustimmen.

Technologie öffnet Tore für Risiken

Zu guter Letzt kommen viele neue Technologien auch mit neuen Schwachstellen daher. Sie eröffnen neue Risikopotenziale, die zuvor nicht da waren. Oft geht dies noch mit einer höheren Abhängigkeit von diesen Technologien einher. In Summe bedeutet dies, dass die Risikoauswirkung für das Unternehmen an deutlicher Relevanz gewinnt – und damit bekommt solch ein Thema auch schnell Gremienrelevanz für Sie als Beirat oder Aufsichtsrat.

Relevante Beispiele für diese Art von Technologierisiken sind das breite Feld der Automatisierung, vor allem in Produktionsumfeldern. Das Schlagwort IoT – Internet of Things – muss Sie aufhorchen lassen. Eine allseitige Vernetzung von Maschinen und Geräten birgt große Vorteile, aber eben auch die Öffnung für neue Risiken aus dem Umfeld des Unternehmens. Ähnlich verhält es sich mit Dingen wie etwa der Fernwartung von Geräten und Maschinen.

Warum ist dies oftmals so relevant und ein Tor für neue Risiken? In der Vergangenheit waren Produktionen und die Vernetzung der Produktionsumgebung oftmals abgeschottet gegen die Außenwelt. Das war eine der sichersten Methoden gegen Angriffe, Eindringlinge und Manipulationen von außen. Diese klare Abschottung – und damit das wesentliche Sicherheitskonzept der Vergangenheit – ist nicht mehr aufrecht zu erhalten in der heutigen vernetzten Welt. Dieser Bereich der Produktion wurde und wird häufig auch heute noch als OT (Operational Technology) zur Abgrenzung von der IT genannt. Es wird oft von der sogenannten OT-IT-Konvergenz gesprochen. Sprich: Es wächst zusammen, was zusammengehört. Dabei stoßen unweigerlich hohe Risiken auf unzureichend vorhandene Schutzmechanismen.

Ein weiteres Beispiel ist die Vielzahl von Möglichkeiten des Remote-Zugriffs auf Systeme der IT. Nicht zuletzt durch Homeoffice-Arbeit auf breiter Front, die auf eine Vielzahl von kritischen Systemen und sensiblen Daten zugreift, entstehen neue Risiken. Alle Technologien des Fernzugriffs sind ein beliebtes Angriffsziel, sobald Lücken bekannt werden. Des Weiteren entwickeln viele Unternehmen Mobile Apps zur direkten Arbeit auf Unternehmensapplikationen und Daten – sei es für Kunden, Lieferanten oder Mitarbeiter. Diese stellen ebenfalls neue Angriffspotentiale dar.

Mehr zu der Thematik von Schutz und Abwehr von Cybersecurity haben wir in den folgenden Kapiteln ausführlicher aufbereitet.

Technologierisiko ist also nicht gleich Technologierisiko. Sie haben soeben von nur drei Wirkungsvektoren gehört, wie Gefahren entstehen können und worauf Sie ein aufmerksames Auge haben sollten. In der Aufsichtsratsrolle ist das auch der Knackpunkt: Es wird eine neue Technologie eingeführt? Hinterfragen Sie, ob die dafür notwendigen Sicherheitsvorkehrungen getroffen wurden. Sind bereits ähnliche Technologien im Einsatz, auf denen aufgebaut werden kann? Oder ist es ein völlig neues Technologieprodukt, was einen ganz neuen Sicherheitsrahmen benötigt? Beleuchten Sie dabei die Technologie aus mehreren Dimensionen, um ein umfassendes Bild dazu zu erlangen. Unsere drei dargestellten Wirkungsvektoren können ein guter Denkansatz sein.

Kapitel 10: IT-Risikomanagement – Board-Mittel der Mitwirkung

IT und Digitales kommen stets mit eigenen Risiken daher und verursachen weitere Risiken im Business. Vieles davon haben wir im letzten Kapitel reflektiert und in den Exkursen aufgearbeitet. Was aber sind die Mittel, die im Aufsichtsrat und Beirat greifbar sind und Transparenz erzeugen? Welche Möglichkeiten gibt es, auf das Risikomanagement und die Mitigation einwirken zu können?

Einige wesentliche Ideen wollen wir im Zusammenhang mit dem Großen und Ganzen eines Risikomanagements in einem Unternehmen darstellen. Ohne Anspruch auf Vollständigkeit sind dabei nachfolgend einige wichtige Ansätze und Ebenen der Ein- und Mitwirkung aufgeführt:

1. **Risiko-Governance vorgeben:** Der Aufsichtsrat oder Beirat vermag Richtlinien, Frameworks und Strategien zur Identifikation, Bewertung und Bewältigung von IT-Risiken festzulegen. Diese können als Rahmen dienen, innerhalb deren das Management spezifische Maßnahmen ergreifen kann.

2. **Risiko-Leitidee prägen:** Ein Aufsichtsgremium hat maßgeblichen Einfluss auf die Risikokultur in einem Unternehmen. Das Verhalten eines überwachenden Gremiums färbt ab. Eine Leitidee kann das Fundament für eine sich ausprägende Risikokultur darstellen.

3. **Risiko-Managementprozesse überwachen:** Der Beirat oder Aufsichtsrat sollte sicherstellen, dass das Unternehmen angemessene Prozesse für das IT-Risikomanagement implementiert hat. Dies umfasst die Überwachung der Risikobewertung, die Entwicklung von Notfallplänen und die Umsetzung von Sicherheitsmaßnahmen. Dabei wird ein Gremium für sich selbst entscheiden müssen, zu welchen Ereignissen und unter welchen Bedingungen es selbst eingebunden werden möchte, beispielsweise bei IT-Sicherheitsnotfällen.

4. **Regelmäßig Bericht der internen IT-Risikobewertung einfordern:** Der Aufsichtsrat oder Beirat kann regelmäßige Berichte über den Status des IT-Risikomanagements einfordern. Dies ermöglicht es dem Gremium, die Wirksamkeit der getroffenen Maßnahmen zu bewerten, sich ein Bild von der Risikolage zu verschaffen und gegebenenfalls Anpassungen vorzunehmen. Jede Risikolage in der IT unterliegt einer besonderen Dynamik, die oftmals unterschätzt wird.

5. **Regelmäßig Briefing zur externen IT-Risikolage einfordern:** Ein Aufsichtsgremium kann einen Bericht zur Einschätzung der externen Bedrohungs- und Risikolage einfordern. Dies kann beispielsweise die speziellen Bewegungen in der für die Branche relevanten Wirtschaftskriminalität oder Cyber-Bedrohungslage berücksichtigen. Derartige Berichte können sowohl standardisiert von Verbänden stammen oder individuell vom Unternehmen aufbereitet sein.

6. **Schulungen und Sensibilisierung einfordern:** Um das Bewusstsein für IT-Risiken zu schärfen und sicherzustellen, dass angemessene Sicherheitspraktiken befolgt werden,

kann ein Beirat oder Aufsichtsrat darauf drängen, dass Schulungen und Sensibilisierungen für das Executive Board, dem nachgeordneten Management und der Belegschaft durchgeführt werden. Die Bedrohungslage von extern wird ein wesentlicher Treiber für fortlaufenden Bedarf sein.

7. **Beteiligung an der Risikobewertung:** Ein Aufsichtsrat und erst recht ein aktivistischer Beirat kann aktiv an der Identifikation und Bewertung von IT-Risiken teilnehmen. Dies erlaubt es dem Gremium, ein tiefgehendes Verständnis für die spezifischen Herausforderungen des Unternehmens zu entwickeln, selbst Erfahrungen einzubringen und damit die Management-Umsetzungen im Unternehmen maßgeblich zu beeinflussen.

8. **Notfallpläne und Business Continuity evaluieren:** Der Beirat und der Aufsichtsrat können sicherstellen, dass das Unternehmen angemessene Notfallpläne und Business-Continuity-Strategien entwickelt hat. Diese sollen sicherstellen, dass der Betrieb nach schweren Störungen oder Katastrophen weiterlaufen kann. Gerade bei derart relevanten Verfahren kommen weitsichtige Kontrollgremien zum Tragen. Die Evaluierung beginnt mit der direkten Einforderung und Vorlage beim Gremium.

9. **Audits einfordern:** Der Beirat oder Aufsichtsrat kann interne oder externe Prüfungen und Audits unterstützen. Das mag dazu dienen, Schwachpunkte und Reifegrade interner Verfahren und ihrer Umsetzung zu erkennen. Dies ist vor allem dann von großem Wert, wenn der Erfahrungsschatz im Management recht gering ist. Besondere Relevanz können Audits in stark wachsenden oder gewachsenen Unternehmungen haben – insbesondere im Falle von anorganischem Wachstum.

10. **Wirtschaftsprüferberichte gezielt reviewen:** Die gezielte Durchsicht vorhandener Wirtschaftsprüferberichte durch den Beirat oder Aufsichtsrat auf dezente Hinweise der Prüfer auf IT-Risikolücken kann sehr hilfreich sein. Oftmals sind dort aufschlussreiche Anmerkungen auf erkannte Schwachstellen herausgearbeitet.

11. **KRITIS-Auditberichte einfordern:** KRITIS-relevante Unternehmungen werden regelmäßig einem KRITIS-Audit unterzogen. Ein Aufsichtsrat oder Beirat tut gut daran, sich den Bericht sowie die mit den Auditoren vereinbarten Maßnahmen in einer Gremiensitzung vorlegen zu lassen. Dieser Bericht hat zum einen Bedeutung in der Außenbewertung gegenüber dem Bundesamt für Sicherheit in der Informationstechnik (BSI), und gibt zum anderen oft Hinweise auf Mängel im IT-Risikomanagement eines Unternehmens. Ein Kontrollgremium sollte die konkreten Auswirkungen der Mängel verstehen und einschätzen können und auf die strukturierte Bearbeitung der Mängelliste drängen.

12. **Einbindung externer Expertise empfehlen:** Bei Bedarf kann der Aufsichtsrat oder Beirat empfehlen, gezielt externe Expertise hinzuzuziehen. Diese kann unabhängige Bewertungen des IT-Risikomanagements durchführen und vor allem dabei unterstützen, einen höheren Reifegrad zu erzielen. Der Transfer von Best Practices steht dabei oftmals im Vordergrund, und als Nebeneffekt auch der Wunsch, zu erfahren, wie gut die Konkurrenz aufgestellt ist.

13. **IT-Rollen- und Rechte-Vergabe hinterfragen:** Natürlich ließe sich das IT-Rollen- und Rechte-Konzept unter dem schon genannten Punkt 3 als zu überwachendes

Konzept subsummieren, dennoch soll es gesondert erwähnt werden. In einem solchen Konzept ist dargelegt, welche definierten IT-Rollen welchen Personen zugeordnet werden, wie diese Rollen vergeben werden, und welche Rechte damit verbunden sind. Darunter ist insbesondere jede Form von Zugriffsrechten auf Systeme und Daten und an erster Stelle sogenannte Admin-Rollen der IT zu verstehen.

Von Admin-Rollen geht grundsätzlich die größte Gefahr im Unternehmen aus. Sie öffnen Zugänge und ermöglichen es den IT-Administratoren (Admins), ein Unternehmen in kürzester Zeit vollständig zu zerstören, seine gesamte digitale Historie, digitales geistiges Eigentum, Produktionsdaten und sogar die gesamte Wertschöpfung – wie etwa eine Produktion – zu stoppen und einen Neustart auszuschließen.

Kurzum: Dem Prozess zur Vergabe derart mächtiger Rollen muss besonderes Augenmerk zufallen; dies kann eine Diskussion im Kontrollgremium wert sein.

Die Umsetzung der Vergabe von Rollen und Rechten ist oftmals ein Stück weit eine Glaubensfrage: Eine Ansicht ist, dass die Vergabe eine derart hoheitliche Aufgabe ist, dass sie ausschließlich von internen Angestellten ausgefüllt werden darf. Eine andere Ansicht lautet, dass eine Gewaltenteilung wichtig ist und gerade interne Netzwerke und Beziehungen ein Tor zum Missbrauch öffnen und daher die Vergabe von Rollen und Rechten ausschließlich von einem externen Dienstleister über ein definiertes Verfahren erfolgen darf. Welche Ansicht oder „Wahrheit“ im konkreten Mandatsunternehmen angemessen erscheint, gilt es individuell zu evaluieren.

Durch die Nutzung solcher Ansätze und Instrumente kann ein Aufsichtsrat oder Beirat sicherstellen, dass das Unternehmen adäquat mit den Herausforderungen des IT-Risikomanagements umgeht. Sie können helfen, ein gutes Verständnis von der Risikolage zu erlangen, so dass angemessene Maßnahmen ergriffen werden, um die Sicherheit und Integrität der IT-Infrastruktur zu gewährleisten.

Beispiele konkreter Ausprägung von formalem Risikomanagement in einem Unternehmen können das Enterprise oder Corporate Risk Management und das Business Continuity Management (BCM) sein. Beide Mechanismen werden – bei relevanter und sachgerechter Nutzung – viele Hinweise auf IT-Risiken enthalten.

Das Business Continuity Management vermag ein Anker für Aufsichts- und Führungsgremien gleichermaßen zu sein. Das Ziel von BCM ist es, nach schweren Störungen, Angriffen, oder Katastrophen einen definierten Betrieb sicherzustellen. Dies beinhaltet die Entwicklung von Notfallplänen und Wiederherstellungsstrategien sowie Tests, um zu gewährleisten, dass die IT-Systeme im Notfall effektiv reagieren können. Dazu folgen noch mehr Informationen in den Kapiteln zu IT-Security.

IT kann sowohl die Ursache für gravierende Störungen sein und zum Business Continuity-Fall werden als auch die Lösung. IT kann unterstützend oder auffangend wirken, um BCM erfolgreich durchzusetzen.

Beispielsweise können „analoge“ Störungen wie Streik und Arbeitsniederlegungen oft durch stärkere Automatisierung und einen Notfallbetrieb ausgeglichen werden. Maschinen streiken nicht, könnte man als Schlagwort sagen.

Ähnlich verhält es sich bei einem etablierten Enterprise oder Corporate Risk Management. IT wird hierbei vielfach in der Risikobewertung vorkommen. Sollte dieses nicht der Fall sein, ist sicherlich nicht sachgerecht bewertet worden. Risiken, die aus IT-Sicherheit und Cyberangriffen folgen, zählen typischerweise zu den größten und höchstbewerteten Risiken eines technisierten Unternehmens. Dies muss ein erster Prüfpunkt für jedes Kontrollgremium sein.

Anna hatte das Themenfeld der IT-Sicherheit bereits in das Bewusstsein der Geschäftsleitung wie auch des gesamten Beirats gehoben. Nun ist ein guter Zeitpunkt, die Verankerung im unternehmensweiten Risikomanagement zu prüfen.

In gemeinsamer, vorbereitender Diskussion zwischen Anna, Charlotte und dem Geschäftsführer haben die drei Eckpfeiler eines Risikomanagements besprochen. Im Rahmen einer Beiratssitzung wollen sie gemeinsam die Ausprägung schärfen.

Dort treffen die aktuelle Ambition zu mehr Digitalisierung, Vernetzung und Einbindung in Kundenumgebungen auf eine historische Risiko-Vermeidungskultur und ein wenig ausgeprägtes Bewusstsein für IT-Risiken im Unternehmen.

Besonders relevant für die Somapro erscheint dem Gremium daher eine Vorgabe eines gemeinsamen Security- und Risiko-Leitbildes. Alle Beteiligten sind sich darin einig, dass ein aktives Risk-Taking unumgänglich wird, um den angestrebten Weg in die Umsetzung zu bringen.

Gemeinsam formulieren sie eine Reihe von Startpunkten für ein IT-Risikomanagement, wie nachfolgend dargestellt.

IT Risikomanagement - Leitbild der Somapro

Wir gehen bewusst und proaktiv Risiken ein.

Grundlage eines aktiven Risikomanagements ist eine schützende Umgebung, die es dem Unternehmen ermöglicht, zu arbeiten. Die Grundlage dafür ist der Zero-Trust-Gedanke für die gesamte IT-Umgebung. Um die IT/OT-Konvergenz zu ermöglichen, die derzeit rasch voranschreitet, ist eine Zero-Trust-Umgebung auch im OT-Bereich erforderlich.

Wir müssen Risiken managen: Dazu gehört eine regelmäßige und transparente Bewertung der IT-Sicherheitsrisiken sowie eine transparente Berichterstattung über erfolgreiche und erfolglose Angriffe.

IT-Sicherheitskultur der Somapro

Wir teilen Daten offen und glauben an die Zusammenarbeit. Wir sehen die Datendemokratie als Grundlage für unseren digitalen Erfolg und fordern Datenkompetenz im gesamten Unternehmen ein.

IT-Sicherheit ist der Wegbereiter für die digitale Welt. Governance und Steuerung sollen Möglichkeiten eröffnen.

Neben diesen grundsätzlichen Leitbildern hat der Beirat vereinbart, dass sich Charlotte in ihrer Rolle als CIO um die Schaffung konstruktiver Maßnahmen zur IT-Qualitätssicherung kümmern wird, insbesondere die Vereinbarung von Vorgehensmodellen,

Change-Praktiken und Testverfahren. Dies soll eine stabile Grundlage für die angestrebte Kultur liefern.

Ein besonderes Augenmerk wird die Somapro ergänzend auf ein Lieferantenrisikomanagement legen, da die angestrebte, zunehmende Vernetzung von Geräten, Maschinen und Systemen immer mehr auch die Sicherheit auf Seiten der Lieferanten erfordert. Der Ansatz soll die Risiken, die aus der Abhängigkeit von externen Lieferanten und Dienstleistern entstehen, verlässlich managen. Insbesondere hat die Somapro dabei Risiken in Bezug auf Datenschutz, Sicherheit und die Verfügbarkeit von Maschinen und Fernwartungen im Sinn.

Kapitel 11: IT Security – Ein Thema für Beirat und Aufsichtsrat

Im Juni 2023 veröffentlichte das Bundesamt für Sicherheit in der Informationstechnik (BSI) eine erstaunliche Zahl: In der Bundesrepublik Deutschland sind 332.000 Schadprogramm-Varianten zu verzeichnen – pro Tag.[3] Diese Realität sollte man sich vergegenwärtigen, wenn man auf das Thema IT-Security blickt. Wahrscheinlich ist diese Zahl längst gestiegen, wenn Sie diese Zeilen lesen.

Laut einer Expertenstudie fand 2023 alle 39 Sekunden ein Cyberangriff statt, was über 2.200 Attacken pro Tag entspricht. Zum Vergleich: Im Jahr zuvor lag die Frequenz „nur" bei durchschnittlich 44 Sekunden. Diese Beschleunigung ist beunruhigend.[4]

Die Relevanz für den Aufsichtsrat und Beirat liegt auf der Hand: Es handelt sich längst nicht mehr um ein Nischenthema, dem sich wenige Spezialisten im Unternehmen annehmen und das ansonsten wenig Berührungspunkte mit dem Daily Business hat.

Hollywood zeigt uns immer wieder das Bild des übermächtigen Hackers mit einem wahnsinnig hohen IQ, der sich allein und verschanzt in seinem Keller binnen Sekunden in die Hochsicherheitssysteme der Regierung einwählt. Es ist indes ein Bild, das wenig mit der Realität zu tun hat.

Denn – und das macht das Thema so brisant – Schadsoftware kann mittlerweile von jedem, der es darauf anlegt, programmiert und verschickt werden.

Wir unterscheiden dabei verschiedene Level der Raffinesse, die ein solcher Angriff annehmen kann:

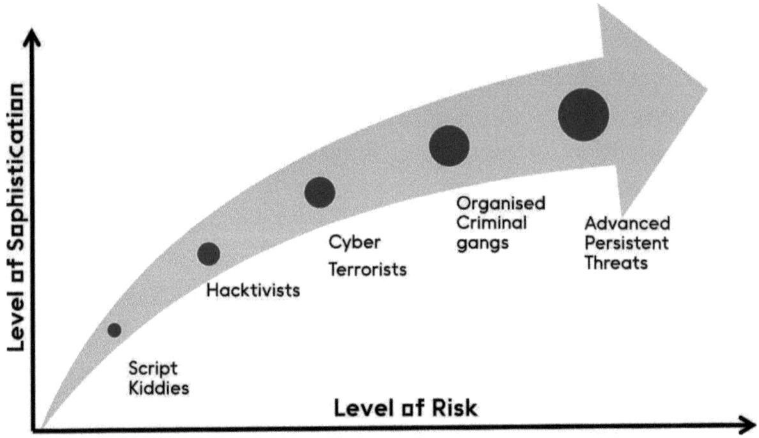

Das „Script Kiddie" ist eine Person, die ohne großen technischen Hintergrund stupide schadhafte Anwendungen verschickt oder zusammenkopiert. Sie lässt sich in der Regel leicht identifizieren und Angriffe können schnell erkannt und eliminiert werden.

Bei Hacktivisten (eine Kombination der Wörter „Hacker" und „Aktivist") handelt es sich um Personen oder Gruppen, die ihre technischen Fähigkeiten nutzen und damit politische oder soziale Zwecke verfolgen oder auf Umweltprobleme aufmerksam machen wollen. Im Gegensatz zu bloßen Hackern, die oft aus persönlichem Interesse handeln, haben Hacktivisten eine klare Agenda und verwenden ihre Fähigkeiten, um auf Missstände aufmerksam zu machen oder den gesellschaftlichen Wandel zu beeinflussen.

Cyberterroristen sind Individuen oder Gruppen, die Cyberangriffe nutzen, um politische oder ideologische Ziele durchzusetzen und dabei erheblichen Schaden anrichten. Ihr Ziel ist es, durch den Einsatz von Cyberangriffen Angst zu verbreiten, die Gesellschaft zu destabilisieren oder politischen Druck auszuüben. Im Vergleich zu herkömmlichen Terroristen nutzen sie digitale Mittel als Hauptwerkzeug für ihre Aktivitäten.

Organisierte kriminelle Gruppen sind Zusammenschlüsse von Kriminellen, die ihre Fähigkeiten im Bereich der Cyberkriminalität nutzen, um finanziellen Gewinn zu erzielen. Diese Gruppen können sich auf verschiedene Arten von Angriffen konzentrieren, darunter Datendiebstahl, Erpressung, Betrug und den Verkauf von gestohlenen Informationen auf dem Schwarzmarkt.

Advanced Persistent Threats (APT) sind hochentwickelte und zielgerichtete Cyberangriffe, die oft von staatlich unterstützten Gruppen, Spionagenetzwerken oder gut finanzierten Organisationen durchgeführt werden. APTs zeichnen sich durch ihre Ausdauer, Raffinesse und Fähigkeit aus, über längere Zeiträume hinweg unbemerkt in Netzwerken zu agieren. Diese Angriffe zielen in der Regel darauf ab, sensible Informationen zu stehlen, Spionageaktivitäten durchzuführen oder strategische Ziele zu erreichen.

Dabei sollte keine dieser Angreifergruppen unterschätzt werden: Selbst der scheinbar schlechte, laienhafte Angriff kann massiven Schaden anrichten, wenn keinerlei Awareness oder Schutzmaßnahmen im Unternehmen durchgeführt wurden. Besonders die Unberechenbarkeit aufgrund der Unwissenheit auf

Angreiferseite machen es so schwierig, solche Angriffe zu entdecken und zu beheben.

Als Aufsichtsrat oder Beirat sollten Sie sich darüber bewusst sein, dass die Zahl der Angreifer weiterhin stetig wächst und die Eintrittshürde in das Hacking immer niedriger wird. Das erhöht massiv die Wahrscheinlichkeit, dass *Ihr* Unternehmen betroffen ist – und das mehrmals täglich.

Wie sind wir an diesen Punkt gekommen?

Eine kurze Reise in die Vergangenheit: Der erste erwähnenswerte Cyberangriff, der rund 1.000 Computer weltweit betraf, geschah 1989. Aus heutiger Sicht keine beeindruckende Zahl, damals ein Skandal. Es wurde mit einer Diskette, die Informationen zur AIDS-Prävention enthielt, eine zielgerichtete Schadsoftware versendet, die alle vorhandenen Daten des betroffenen PCs einfror und Lösegeld forderte, um wieder an die Daten heranzukommen.

Ein Vorgehen, das viele Jahre später noch Verwendung findet. Das prominenteste Beispiel: WannyCry aus dem Jahre 2017. Die Ransomware (eine Erpressungssoftware) infizierte Computersysteme, insbesondere solche mit dem veralteten Betriebssystem Microsoft Windows. Durch die Ausnutzung einer von der NSA (die National Security Agency ist der größte Auslandsgeheimdienst der USA) entdeckten und gestohlenen Schwachstelle verbreitete sich WannaCry rasch und verschlüsselte die Daten der Opfer. Die Angreifer forderten Lösegeld in der Kryptowährung Bitcoin. Der Angriff traf verschiedene Sektoren, darunter Krankenhäuser und Banken.

Wo stehen wir heute? Der jüngst erschienene BSI Cybersecurity Report alarmiert vor allem kleine und mittelständische

Unternehmen. Sie stehen so stark wie noch nie im Fokus von Angreifern. Grund ist in erster Linie die hohe Verfügbarkeit von Schadsoftware, die sogar auf Internet-Marktplätzen eingekauft und eingesetzt werden kann. Selbst die Ausführung der Attacke ist als Dienstleistung zu erwerben. Im Mittelpunkt stehen nicht mehr große Summen aus einzelnen, lang geplanten Angriffen, sondern eine Vielzahl kleiner Angriffe bei „leichten Opfern“ ohne starke Cyberabwehr, die wenig Mühe brauchen, um Output zu generieren. Folgende Auflistung an typischen Angriffsarten sollte ein Gefühl dafür geben, wie groß die Bandbreite der Angriffe inzwischen ist:

- **Social Engineering:** Dies nutzt menschliche Schwächen aus, indem Mitarbeitende durch gezielte Manipulation zu Tätigkeiten verleitet werden, die sie unter normalen Umständen nie tun würden. Dies ist oftmals die Überweisung von Geldern an den Unternehmensprozessen vorbei, die Preisgaben sensibler Informationen oder das Aushebeln von Sicherheitsfunktionen im Unternehmen. Das geschieht oft durch täuschend echte aber dennoch gefälschte E-Mails von vermeintlichen Autoritätspersonen des Unternehmens. Der stufenweise Aufbau massiven Drucks auf die Psyche von Menschen, minutiös getakteten Appellen an Hilfsbereitschaft, das Verstärken von Angst oder das Schürfen von Respekt vor Autorität funktionieren leider sehr verlässlich in nahezu allen Unternehmen. Die Schwachstelle Mensch hebelt nahezu jede Compliance oder Sicherheitsregel oder Sicherheitsfunktion eines Unternehmens aus.

- **CEO-Fraud:** Eine Form des Social Engineering, bei der sich der Angreifer als hochrangiges Firmenmitglied ausgibt, um Mitarbeiter dazu zu bringen, Geld zu überweisen oder vertrauliche Informationen weiterzugeben.

- **Phishing:** Der Versuch, durch täuschend echte E-Mails oder Nachrichten an Personen, sensible Informationen zu entlocken, indem Opfer auf gefälschte Websites gelockt werden. Diese Methode ist häufig der erste Schritt, um zu einem deutlich späteren Zeitpunkt einen Angriff auf das Unternehmen vorzunehmen. Dabei werden die aus dem Phishing gewonnenen Zugangsdaten verwendet.

- **Malware:** Ein Kunstwort, erschaffen aus Malicious Software. Eine schädliche Software, die Betriebssysteme infiziert und unautorisierte Aktionen ermöglicht, wie das Sammeln von Informationen oder das Beschädigen von Dateien. Malware ist ein Oberbegriff, unter dem unter anderem Viren, Bots, Trojaner und Würmer fallen, wie im weiteren Verlauf noch explizit genannt.

- **Ransomware:** Eine weitere und besonders relevante spezielle Art von Malware, die darauf abzielt, Unternehmensdaten zu verschlüsseln, gefolgt von einer Lösegeldforderung. Der Begriff setzt sich aus Ransom Software zusammen, also Lösegeld-Software. Diese Art von Bedrohung stellt eine der größten Gefahren für Unternehmen dar.

- **Spyware:** Malware, die heimlich Informationen abfängt, wie Tastenanschläge, Bildschirmaktivitäten oder andere vertrauliche Daten. Über diesen Weg können Zugangsdaten zu sensiblen Bereichen abgegriffen werden. Ist eine solche Spyware einmal etabliert, kann sie eine dauernde Informationsquelle für mögliche Folgeangriffe sein.

- **(D)DoS:** (Distributed) Denial-of-Service: Angriff, bei dem eine Website oder ein Netzwerk mit Anfragen überflutet wird, was zu Überlastung und Beeinträchtigung des normalen Betriebs führt. Hierbei können Sie besonders angreifbar sein, wenn beispielsweise ein Online-Shop Teil Ihres Geschäftsmodells ist.

- **Defacing:** Angriff auf öffentliche Webseiten, bei dem Inhalte geändert oder gelöscht werden, um Imageschaden zu verursachen oder Wettbewerbsvorteile zu erwirken.

Die Fakten zeigen, dass eine IT Security-Abteilung stets nah am „Markt“ der Schadsoftware und Angriffsarten sein muss, um entsprechend gerüstet zu sein. Für Sie als Beirat oder Aufsichtsrat kann es hilfreich sein, wenn Sie ein Gespür für die Gründe, die sich hinter Angriffen verbergen können, entwickeln. Die Gefahr muss nicht zwingend von außen kommen oder unmittelbare finanzielle Interessen verfolgen.

Bestimmte Vorgänge oder Situationen im Unternehmen können es besonders attraktiv als Angriffsziel machen, was wiederum eine noch stärkere Vorsicht und Prävention verlangt. So können etwa Presseberichte Ihr Unternehmen in den Fokus von Angreifergruppen rücken, beispielsweise Nachrichten über eine soeben abgeschlossene Akquisition eines anderen Unternehmens. Jeder Angreifer weiß, dass diese Unternehmen schnell technisch vernetzt werden, um Synergien zu heben, die Security-Technik eventuell noch nicht auf dem sonst üblichen Unternehmensstandard ist und damit ein sehr leichtes Opfer für einen Angriff sein kann.

Ebenso sind Nachrichten über den Einstieg eines neuen zahlungskräftigen Investors eine übliche Motivation für einen Angriff. Spendenaufrufe und die Unterstützung humanitärer oder politischer Bewegungen sind ganz besonders zu erwähnen, insbesondere, wenn sie im Kontext militärischer Auseinandersetzungen oder politischer Sanktionen stehen.

Welche Motivationen können sich hinter einer Cyberattacke verbergen?

Eine Zusammenstellung soll helfen, die verschiedenen Interessenslagen zu verstehen:

- **Datenklau und Identitätsdiebstahl:** Angreifer können versuchen, sensible Daten wie persönliche Informationen, Kreditkartennummern oder Zugangsdaten zu stehlen, um Identitätsdiebstahl zu begehen, aber auch, um sensible Kundendaten abzugreifen. Es kann auch dazu dienen, einen Angriff vorzubereiten, z.B. in Form von Erpressungen.

- **Finanzielle Motive:** Cyberkriminelle können Unternehmen angreifen, um finanzielle Gewinne zu erzielen. Dies kann durch Erpressung, Betrug oder Diebstahl von Finanzinformationen, z.B. Zugang zu Konten und anderen Geldquellen, erfolgen. Hierbei kommt häufig der in unserem Beispiel angeführte Ransomware-Angriff zum Einsatz, welcher Daten verschlüsselt und gegen Lösegeld wieder freigibt.

- **Industriespionage:** In einigen Fällen zielen Cyberangriffe darauf ab, vertrauliche Informationen von Unternehmen zu stehlen, um Wettbewerbsvorteile zu erlangen. Dies ist besonders in Branchen mit intensivem Wettbewerb der Fall.

- **Sabotage und Zerstörung:** Manchmal erfolgen Cyberangriffe, um Daten zu zerstören oder kritische Infrastrukturen zu sabotieren. Dies kann politisch motiviert sein oder als Akt des Terrors dienen, aber auch einen Wettbewerbsvorteil generieren.

- **Aktivismus und politische Motive:** Hackergruppen können aus politischen oder ideologischen Gründen agieren, um politische Ziele zu fördern oder politische Instabilität zu verursachen.

- **Cyberkriegsführung:** Staaten können Cyberangriffe gegen andere Nationen durchführen, um politische oder militärische Ziele zu erreichen. Dies kann von Spionage bis zur Beeinträchtigung kritischer Infrastrukturen reichen. Besondere Gefahr besteht für KRITIS-Unternehmen.

- **(Ex-)Mitarbeitende:** Nicht immer verlaufen Zusammenarbeit und erst recht Trennungen von Mitarbeitenden in vertrauensvoller Weise und in guter Absicht. Leider kann auch das zur Cybergefahr werden: Racheakte, Schaffung persönlicher Vorteile für Folgearbeitgeber oder Selbständigkeit, Kompetenzprofilierung durch Heldentum bei der Mitwirkung und Behebung des Schadens, Erpressung und Druck von außen auf die betroffene Person sind oftmals Motivation für Cyberangriffe. Häufig ist das vorhandene Wissen bei dieser Gruppe von Menschen so groß oder gezielt während der Unternehmenszugehörigkeit aufgebaut worden, dass sie die Möglichkeit zur Umgehung von Sicherheitsmaßnahmen haben. Bei jedem Datenverlust, bei Sabotage und jedem konkreten Angriff sollte die erste Forensik stets den Blick auf wissende Interne oder Ex-Interne richten. Denn dabei ist die Gefahr besonders groß, dass die Täter noch Teil des Unternehmens- und Informationsnetzwerkes sind.

Sowohl die Art der Angriffe als auch die der Verteidigung werden in Zukunft stark von einer weiteren Kraft mitbestimmt: Der KI. Die Künstliche Intelligenz wird eine äußerst wichtige Rolle spielen und hat bereits heute die Möglichkeiten in Bezug auf Qualität und Quantität von Angriffen verändert. Der BSI-Report warnt im Speziellen vor dem (noch) massiveren Zuwachs an Schadvarianten, die ohne menschliches Zutun generiert werden.

Ziel sei es, möglichst rasch Methodiken zu entwickeln, die KI-generierte Codes aufspüren, KI-generierte Bilder und Texte kenntlich machen und so für Unternehmen überhaupt erst erkennbar werden.

Was sollten Sie in Ihrer Rolle unternehmen, um der steigenden Bedrohung zu begegnen?

In erster Linie: Prävention. Denn ist ein Angriff erst einmal erfolgt, gibt es nur noch wenige Einflussmöglichkeiten, speziell für Sie. Wie diese Prävention aussieht, welche Schritte sie beinhaltet und wie sich Ihr Unternehmen auf den Ernstfall am besten vorbereitet, erfahren Sie in den nächsten Abschnitten.

Hat die Somapro GmbH einmal ihre neue strategische Ausrichtung vollzogen, wird sie digitaler denn je sein. Vollständige Produktionszweige, die vorher isoliert operiert haben, sind in das Gesamtkonzept eingebunden, Schnittstellen nach außen sind geschaffen und neue Technologien eingeführt. Ein wunderbarer Ausgangspunkt, um digitale Wertschöpfung zu betreiben – und als Angriffsziel für eine massive Zahl an Schadsoftware zu dienen. Dieses Bewusstsein bringt insbesondere Anna mit. Denn in ihrem eigenen Unternehmen und ihrer dortigen Geschäftsführungsrolle hat sie bereits Angriffe aktiv miterlebt und abgewehrt.

Sie und Charlotte hatten bereits angekündigt, dieses Thema mit Dringlichkeit auf die Agenda des Beirats zu nehmen – als logische Weiterentwicklung der aktuell laufenden Roadmap. Ähnlich wie bei den Digitalisierungsthemen wollen Anna und Charlotte im ersten Schritt für breiteres und profunderes Bewusstsein auf der Führungsebene sorgen. Der Grundstein dafür sind Zahlen und Fakten über die Zunahme der Angriffsmenge und -qualität im Cyberraum im Allgemeinen. Dies wird ergänzt um die beunruhigend konkreten Zahlen der Zugriffe auf die Somapro-

Verteidigungssysteme, insbesondere den sogenannten Firewalls als Grenze zur Außenwelt.

Dass das Thema nicht nur zum Schutz der Somapro selbst, sondern auch zum Schutz der Kunden höchste Priorität haben muss, veranschaulicht sie an einem beispielhaften Case, wie sie ihn bereits bei einem ihrer Kunden miterlebt hat:

„Ausgangspunkt der Attacke war lediglich eine täuschend echte E-Mail: Ein Kollege hat eine vermeintliche Nachricht aus der IT bekommen, dass ein wichtiges Software-Update auf seinem Rechner nicht funktioniert habe und die IT dieses manuell durchführen müsse. Hierfür bräuchten Sie seine Bestätigung. Die E-Mail war hochpersonalisiert: Sie enthielt den richtigen Namen, Abteilung und Position des Kollegen und schien von einem ‚echten' Kollegen aus der IT verfasst. Der Zeitpunkt der Mail lag in einer stressigen Phase, die nur wenig Handlungsspielraum ließ. Der Kollege vertraute auf die Richtigkeit und klickte auf den Bestätigungslink. Mangelnde Sensibilisierung für Phishing und deren Merkmale und damit mangelnde Skepsis ließen dieses Abgreifen möglich werden. Die Angreifer konnten über diesen Weg an Zugangsdaten gelangen. Da zudem keine 2-Faktor-Authentifizierung notwendig war, konnten die Angreifer spielend leicht und vor allem unbemerkt in das Unternehmensnetzwerk eindringen."

Annas Kunde arbeitet eng mit einer Vielzahl von Partnerunternehmen zusammen und hat daher ständige Netzwerkverbindungen zu diesen diversen Partnern quer durch Europa. Das ist nicht ungewöhnlich in unserer heutigen vernetzten Welt von Liefer- und Produktionsketten.

„Es dauerte ganze zwei Wochen, bis der befallene Kunde den Eingriff bemerkte. Das mag lang erscheinen, damit waren sie allerdings extrem schnell", erläutert Anna. „In der Zeit hatten die

Angreifer bereits fast drei Terabyte an Daten abgezapft, Remote Desktop-Verbindungen angelegt und diverse Schadsoftware in Stellung gebracht. Das sogenannte Active Directory – quasi das digitale Kontaktverzeichnis eines jeden Unternehmens mit allen Zugangsschlüsseln – wurde kompromittiert. Erst nach diesen zwei Wochen und umfangreichem Datenabfluss wurde die Schadsoftware aktiv: Sie begann Server zu verschlüsseln! Dies geschah an einem Wochenende, zu einem Zeitpunkt, an dem weitgehend Betriebsruhe herrschte. Eher zufällig wurde in einem verbundenen Partnerunternehmen der Schaden bereits am Samstag bemerkt: Server und ihre Systeme waren verschlüsselt – kein Zugriff mehr möglich."

Diese Verschlüsselungsroutinen starteten in einer Vielzahl von Partnerunternehmen und auch im Headquarter von Annas Kunden. Achtsame IT-Beschäftige des Unternehmens haben eher zufällig als wohlstrukturiert ein Auge auf das Monitoring gehabt und den Vorfall bemerkt und sofort Alarm geschlagen.

Daraufhin wurde die Geschäftsführung informiert. Diese hat sich sogleich Unterstützung durch den Beirat erbeten und diesen hinzugezogen. Anna als IT-Servicepartnerin wurde informiert und gebeten, dabei zu helfen, eine Notkommunikation zu etablieren. Es hatte sich gerächt, dass zuvor keine Notfallpläne und Notfallkontakte aufbereitet waren und daher in der Notlage zunächst entwickelt werden mussten.

„Letztlich hat in diesem Fall die IT gut reagiert und unmittelbar nach Erkenntnis und Verständnis des Schadens alle Netzwerkverbindungen zu allen Partnerunternehmen getrennt", erläutert Anna.

„Die IT startete mit der technischen Analyse des Schadens. Schnell wurde klar: Es braucht erfahrene Forensiker, um den

Schaden und die Ursachen zu verstehen und ein Wiederanlaufen überhaupt zu ermöglichen.

Beirat und Geschäftsführung haben ab diesem Zeitpunkt alle 24 Stunden jeweils abends eine Lagebesprechung vorgenommen, um eng abgestimmt zu agieren.

Die Motivation war schnell identifiziert: eine Lösegeldforderung. Diese war angereichert durch ein „freundliches Unterstützungsangebot" zur Eröffnung von Bitcoin-Wallets und genauen Anweisungen, wie Transfers erfolgen könnten.

Der Beirat und die Geschäftsführung haben gemeinsam einen Beschluss gefasst: Es wird nicht gezahlt. Der Schaden wird aus eigener Kraft behoben und Systeme neu aufgebaut. Was immer es kostet.

An dieser Stelle habe sich ein fachlich versierter Beirat bewährt und konnte zeitnah bei solch gravierender Entscheidung mitwirken und unterstützen."

Anna hat ihren Kollegen bei der Somapro die lange Geschichte mit den Details eines Neuaufbaus nicht erspart. Diese ging technisch runter bis zur Ebene von Hardware-Austausch und vollständigen Neuaufsetzen von Servern. Der Prozess dauerte vier Wochen, um einen Minimalbetrieb im Headquarter zu ermöglichen und letztlich über sechs Monate, bis das gesamte Partnernetzwerk wieder vollumfänglich produktiv sein konnte.

Anna wusste eine Vielzahl von Details zu den Ursachen zu berichten und konnte einige beunruhigende Parallelen zur Somapro ziehen und Befürchtungen darlegen.

Am Ende war der größte Schaden im berichteten Fall der Produktionsausfall bei einer Vielzahl von Partnerunternehmen. Entsprechende Schadensersatzforderungen wurden erwartungsgemäß gestellt. Der eigene Aufwand im Unternehmen war erheblich, die Kosten für den Wiederaufbau und die Neubeschaffung von Systemen, Kosten für externe IT-Partner und insbesondere hohe Kosten für die Forensiker schlugen zu Buche.

Anna resümiert: „Es hat enorme finanzielle Schäden verursacht, aber Systeme und Betrieb konnten wieder aufgebaut werden und das Unternehmen konnte vor einem Totalverlust bewahrt werden."

Annas Geschichte hinterlässt Eindruck – und das dringende Gefühl, sofort handeln zu müssen. Gemeinsam mit der Geschäftsführung wird die Erstellung eines zukünftigen Security-Betriebsmodells beschlossen, welches integraler Bestandteil des TOM werden soll. Zur Umsetzung soll die bekannte Roadmap zur Implementierung des TOM um einen Security-Fahrplan ergänzt werden.

Charlotte macht sich zugleich an die Arbeit. Die nötige Spezialexpertise holt sie sich ergänzend von externen Experten hinzu. Zunächst gilt es, den Status quo besser zu verstehen, die Vulnerabilität zu erfassen und ein grobes Zielbild für die Somapro zu erstellen.

Kapitel 12: IT Security – Präventive Maßnahmen

Häufig denken wir bei den Schlagworten „IT-Security" oder „Cyberattacken" an das bereits angegriffene Unternehmen: Ein Eindringen in das Firmennetzwerk, Verschlüsselungen, Datendiebstahl, Erpressung und vor allem an Stillstand der Wertschöpfung. Und daran, wie wir in einem solchen Ernstfall reagieren und möglichst schnell unseren Betrieb wieder aufnehmen und die Angreifer stoppen.

Die schlechte Nachricht: Als Beirat oder Aufsichtsrat haben Sie in diesen Momenten kaum noch eine Chance, positiv auf das Geschehen einzuwirken. Wahrscheinlich erfahren Sie auch nicht als erste Anlaufstelle von solchen Angriffen. Es bleibt in diesen Fällen nur zu hoffen, das vorherige Maßnahmen gut greifen, das Team gut vorbereitet ist und die richtigen Entscheidungen getroffen werden.

Die gute Nachricht: Diese Hoffnung können Sie im Vorfeld äußerst positiv beeinflussen. Das Stichwort lautet: Einführung von präventiven Maßnahmen zur Erhöhung der IT-Security. Hierbei können Sie sehr wohl einiges beitragen, um für den Ernstfall gewappnet zu sein.

Aus den vorausgehenden Abschnitten haben Sie von der Gefahr und den Angreifergruppen und Möglichkeiten erfahren. Ein Angriff auf Ihr Unternehmen ist so gut wie sicher. Es bleiben lediglich die Fragen des Wann und des Wie. Als Kontrollgremium und erst recht mit darüberhinausgehenden Beratungsfunktionen können Sie dieses Risiko nicht unbeantwortet lassen.

Als Aufsichtsrat oder Beirat ist die Prävention Ihr Kontroll- und Gestaltungsfeld. Dadurch haben Sie die Möglichkeit, die Existenz des Unternehmens abzusichern und für bestmöglichen Schutz zu sorgen.

Im ersten Schritt ist es wichtig, die Ausgangslage zu verstehen: Welche Sicherheitsmaßnahmen sind bereits etabliert, wie reif ist die IT-Sicherheitsplanung, welche Abwehr- und welche Überwachungstools sind aktiv, wie engmaschig wird das Netzwerk überwacht, wie stark ist die IT-Security-Funktion ausgeprägt und unzählige Fragen mehr stellen sich. Starten Sie damit, sich von der Geschäftsführung einen Einblick geben zu lassen, wie die IT-Security organisatorisch aufgestellt ist.

Im nächsten Schritt wollen Sie sicherstellen, dass die Sicherheitslage im Unternehmen sukzessive optimiert wird. Dazu gilt es, das Portfolio an präventiven Maßnahmen zu definieren und eine Roadmap dorthin zu erstellen. Keineswegs wird dieses Zielszenario statisch sein können. Jeder Zielzustand ist immer eine Momentaufnahme, die jederzeit weiter überarbeitet werden muss und vermutlich niemals vollumfänglich erreicht werden kann.

Je nach Ausgangslage in Ihrem Unternehmen stehen Ihnen verschiedene Mittel und Wege zur Verfügung, die IT-Sicherheit zu verbessern. Ein Security Maturity Assessment kann ein mögliches Mittel der Wahl sein, welches Sie aus Ihrer Rolle motivieren oder einfordern können. Ein derartiges Assessment setzt aber bereits kompetente Experten im Unternehmen sowie eine gewisse Etablierung voraus und ist nicht unbedingt die erste Option.

Ein passendes Denkmodell für Sie als Beirat oder Aufsichtsrat kann ein Phasenmodell sein, welches Ihnen hilft, sowohl den aktuellen Status als auch einen Zielzustand zu verstehen. Insbesondere, um den Fokus Ihres Wirkens auf die entsprechende Phase der Prävention zu lenken und die Auswirkung in anderen Phasen abschätzen zu können.

Ein bekanntes Modell in diesem Bereich ist das sogenannte NIST Framework, welches wir im folgenden Exkurs näher vorstellen werden. An dieser Stelle sei lediglich darauf hingewiesen, dass es eine Grundlage sein kann für die verschiedenen Phasen, um adäquate präventive Maßnahmen zu identifizieren und deren Umsetzung anzustoßen.

Unabhängig von Ihrem konkreten Unternehmen oder gar den spezifischen Schwachstellen, empfehlen wir, den Blick auf unterschiedliche Aspekte zu richten. Die nachfolgende Auflistung dazu ist nicht vollständig, legt aber eine gute Basis, um ein rundes Bild zu erhalten und präventive Maßnahmen in mehreren Dimensionen zu etablieren:

Der Faktor Mensch

Aller Technik zum Trotz ist es schlussendlich der Mensch, der häufig das Einfallstor für Cyberattacken darstellt. Die beste Firewall nützt nichts, wenn Mitarbeitende ihre Zugangsdaten herausgeben und nichts Verdächtiges dabei ahnen. Wie wir bereits gehört haben, werden die Attacken auf den Menschen immer raffinierter, personalisierter, psychologisch tiefgreifender und nicht zuletzt auch glaubwürdiger. Sofern es in Ihrem Unternehmen noch keine gezielte Schulungsstrategie gibt, die in regelmäßigen Abständen das Wissen zu IT-Security-Themen aufbaut, auffrischt und festigt, sollten Sie schleunigst für dessen Einführung plädieren. Noch besser ist das Testen in der Praxis: Zahlreiche Unternehmen bieten an, die Mitarbeitenden gezielt mit Cyberangriffen zu testen und dadurch weiteren Schulungsbedarf zu identifizieren. Haben Sie stets im Kopf, dass gut geschultes Personal die allerwichtigste Verteidigungslinie an vorderster Front darstellt.

Unterstützend bietet sich die Einführung oder Überprüfung der IT-Sicherheitsrichtlinien an. Diese regelt zusammengefasst, wie Mitarbeitende mit sicherheitskritischen Informationen, Prozessen oder Soft- und Hardware umgehen sollen. Ein prominentes Beispiel ist die Passwortrichtlinie, die Länge und Zusammensetzung festlegt. Beim Umgang mit Passwörtern menschelt es häufig kräftig. Führungskräfte erleben beim Rundgang durch Büros nach wie vor die berühmten Haftnotizen am Bildschirm; oder IT-Servicemitarbeiter erhalten Hardware zurück mit einer Haftnotiz mit Passwort auf dem Notebook. Eine Kultur der IT-Awareness und Sicherheit zu prägen, erfordert die Mitwirkung aller Führungskräfte.

Eine große Schwachstelle ist in vielen Unternehmen der Zugang zu den Räumlichkeiten und deren Gewährung. Hierbei kann ein Kontrollgremium deutlich einwirken. Klare Regeln helfen Mitarbeitenden ausschließlich, den benötigten Zutritt zu verschaffen und nicht etwa zu Server-Bereichen oder Produktionshallen, in denen sie nichts zu suchen haben.

Welche Richtlinien in Ihrem Unternehmen eingesetzt werden sollten und wie deren Ausgestaltung aussehen kann, ist stark vom individuellen Fall abhängig. Als Beirat oder Aufsichtsrat sollten Sie ein Auge darauf haben, ob die Unternehmenskomplexität und -größe in den Richtlinien abgebildet wird, oder ob die verankerten Sicherheitsstrukturen veraltet oder im schlimmsten Fall gar nicht vorhanden sind.

Ein Information Security Management System (ISMS), z.B. nach ISO 27001, kann dabei unterstützen, Risiken richtig zu erfassen, passende Richtlinien aufzusetzen und deren Einhaltung zu überprüfen.

Zu guter Letzt können viele „menschliche" Risiken auch dadurch ausgeräumt werden, dass intelligente Zugriffskontrollen und Berechtigungssysteme eingeführt werden. So schön ein vollkommen transparentes und frei zugängliches System auch sein mag: Es bietet ein hohes Risiko, Opfer eines Insider-Angriffs zu werden. Es gilt ein System aufzubauen, das so viel Zugriff wie nötig und so wenig wie möglich bereitstellt. Rollen- und Rechtekonzepte legen dafür die Basis. Die sogenannte Multi-Faktor-Authentifizierungen (MFA) und Login-Protokolle helfen dabei, menschliche Schwächen auszugleichen.

Hinterfragen Sie, inwieweit Ihr Unternehmen noch in einem „gläsernen Zustand" ist und ob entsprechende Sicherheitseinschränkungen vorgenommen werden sollten.

Die Security-Organisation

Wer kümmert sich eigentlich um das Thema IT Security? Die IT-Abteilung nebenbei? Es ist gut möglich, dass das in Ihrem Mandatsunternehmen Realität ist. Hierbei haben wir es oft mit organisch gewachsenen Strukturen zu tun, die ähnlich wie im Falle des Datenschutzes die Aufgabe irgendwann zugeschrieben bekommen oder selbst initiiert haben. Doch unser kurzer geschichtlicher Abriss sollte Ihnen vermittelt haben, dass aus dem Kinderschuh-Thema inzwischen ein wichtiger Agendapunkt auf der obersten Ebene geworden ist – sonst würden Sie es nicht in diesem Buch finden.

Zuallererst sei gesagt: IT-Security geht alle an. Jeder hat eine Verantwortung in Ihrem Unternehmen. Warum, haben Sie am Anfang dieser Auflistung erfahren. Doch es braucht heutzutage in jedem Unternehmen ein spezielles Team, dass fokussiert verantwortlich ist und ausführt.

Dieses Team wird typischerweise vom CISO – dem Chief Information Security Officer – geführt. Dieser berichtet in der Regel an den CIO. Es gibt immer wieder die Diskussion, ob der CISO wegen der Bedeutung nicht direkt an den CEO berichten sollte. Das ist eine berechtigte Frage. Da allerdings die Rolle sehr eng verdrahtet ist mit den operativen ausführenden Einheiten einer IT-Funktion, ist davon in der Regel abzuraten. Zudem wird ein CEO in der Regel fachlich überfordert sein, eine CISO-Rolle adäquat zu steuern.

Je nach Größe und Komplexität des Unternehmens sind die Rollen sicher anders zu würdigen. In diesem hochdynamischen Umfeld lassen sich keine stabilen Voraussagen treffen über eine adäquat passende Besetzung eines IT Security-Teams. Allerdings wird selbst ein kleines mittelständisches Unternehmen heute bereits ein spezielles personell ausgestattetes IT Security-Team benötigen.

Natürlich spielt die Größe des Unternehmens eine Rolle, ebenso wie die spezifische Bedrohungslage. Neben dem CISO wird es weitere spezielle Rollen geben. Dies können IT Security Engineers sein oder Information Security Officers (ISOs). Den Schwerpunkt einer Security-Organisation sollte die Definition von Standards, ihre Durchsetzung, das Etablieren von passenden Tools und das Monitoring der Sicherheit bilden. Aber nicht jede technische Umsetzung muss in der operativen Ausführung der Security sein. Dies wird typischerweise vom operativen Team der Gesamt-IT oder von externen Partnern ausgeführt.

Wie immer stehen die Fragen im Vordergrund: Was gilt es zu schützen? Wie kritisch ist ein Datenverlust? Welche Folgen kann dies haben? Je höher das Risiko, umso mehr sollten Sie darauf pochen, ein Spezialisten-Team aufzustellen.

Das operative Monitoring aller Bewegungen zur Erkennung von Angriffen wird in mittelständischen Unternehmungen nicht von internen Teams bewerkstelligt werden können. Hier kommt das sogenannte Security Operations Center (SOC) ins Spiel. Es übernimmt auch eine entscheidende Rolle im Angriffsfall, ist aber vor allem ein wichtiger Teil der Prävention. Ein SOC ermöglicht die 24/7-Überwachung des Unternehmens, erkennt frühzeitig Schwachstellen, prüft regelmäßig das Unternehmensnetzwerk und monitort sowie untersucht Angriffe. Wer auch immer sich einzuschleichen versucht: Die Chancen stehen gut, dass der Eindringling frühzeitig erkannt wird. Solch ein SOC kann im Übrigen auch komplett extern betrieben werden. Große Konzerne haben sich in den letzten Jahren eigene SOCs aufgebaut, insbesondere KRITIS-relevante Konzerne.

Kleinen Unternehmungen fehlen hierzu oftmals die Mittel, um einen solchen SOC zu etablieren. Das gilt es sorgfältig abzuwägen gegen die Risiken sowie die internen Möglichkeiten der Reaktion auf Anomalien.

Die Datensicherung und Wiederherstellung

Cyberangriffe sind deshalb so brisant, weil sie im schlimmsten Fall die Existenzgrundlage eines Unternehmens zerstören können: die Firmendaten. Egal ob Kundendaten, Produktionsdaten oder sensibles internes Wissen. Diese Macht besitzen solche Attacken indes nur dann über uns, wenn wir keine andere Möglichkeit haben, unsere „Kronjuwelen“ wiederzuerlangen. Wir haben das Glück, dass wir – anders als bei echten Juwelen – von unseren Daten Replikate anfertigen lassen können. Und genau das sollten wir auch! Dennoch steht an allererster Stelle der

Maßnahmenplan, um es gar nicht erst so weit kommen zu lassen. Sprich, wir müssen unsere Schatzkammer schützen.

Die Backup-Materie ist das meistunterschätzte Thema auf Führungsebene. Letztlich ist das Backup die Lebensversicherung eines jeden Unternehmens. Wenn es ein einziges technisches Thema im Unternehmen gibt, auf das auch Top-Führungskräfte sowie Aufsichtsräte und Beiräte schauen sollten, dann ist dieses das Backup-Thema. Es ist komplex, aber eben essenziell. Wie wenig präsent dieses Thema auf Topebene ist und wie relevant eine intensive Beschäftigung damit sein kann, haben die angehenden Aufsichts- und Beiräte an der Hochschule in Augsburg mehrfach bestätigt und diese Inhalte als augenöffnend wahrgenommen.

Wie Sie als Aufsichtsrat oder Beirat das Thema, den entsprechenden Schutz und die zugehörigen Strukturen bewerten können und die richtigen Initiativen zur Verbesserung in die Wege leiten, erfahren Sie in einem nachfolgenden Exkurskapitel.

Die Sicherheitsarchitektur

Nach allen menschlichen Faktoren und einem geeigneten Setup der IT-Sicherheit im Unternehmen geht es schnell an die Technologie.

Sicherheit entsteht im Fundament durch eine saubere Architektur aller Informationssysteme und Netzwerksegmente. Zur Ermöglichung eines sicheren Betriebes und einer nachhaltig anpassbaren Struktur muss das Augenmerk auf die technischen Schwachstellen in der Architektur gerichtet werden.

Diese sind oft durch Wildwuchs entstanden, aus langer Historie, nicht selten durch M&A-Aktivitäten der Vergangenheit begünstigt, und münden in einer zusammengebauten Architektur. Vor allem Unwissenheit, wer mit welchem System zu welcher Zeit in welchem Netzwerk unterwegs ist, macht es schwer möglich, ein funktionierendes Sicherheitsnetz auszubauen.

Eine besondere Relevanz auf dem Weg zu einer sicheren Architektur haben das IT-Netzwerk eines Unternehmens und seine Architektur. Die Netzwerkarchitektur ist sowohl entscheidend bei der Frage nach dem präventiven Schutz wie auch nach den Möglichkeiten einer angemessenen Reaktion auf einen Angriff. Hierbei fällt der Art der Netzwerksegmentierung und den technischen Möglichkeiten der Trennung von Segmenten eine besondere Bedeutung zu. Viele weitere Architekturmerkmale verhelfen zu einer erhöhten Sicherheit im Unternehmen. Es wird oft von „Security-by-Architecture" gesprochen, also eine Art und Weise, Systeme, Netze und Regelungen derart zu designen, dass sie bereits konstruktive Sicherheitsmerkmale eingebaut haben.

Ein häufiges Schlagwort in diesem Zusammenhang: Zero-Trust. Diese besondere Form der Sicherheitsarchitektur geht grundsätzlich davon aus, dass jeder Benutzer und jedes System, sei es intern oder extern, zunächst als *nicht* vertrauenswürdig gilt. Damit grenzt es sich von traditionellen Ansätzen der Netzwerkarchitektur ab, in denen oftmals von einem vertrauenswürdigen inneren Netz ausgegangen wird, das nur gegen äußere Grenzen zu schützen ist.

Einige Ansätze, die besondere Relevanz beim Zero Trust aufweisen:

- **Never-Trust:** Jeder Benutzer und jedes Gerät wird als potenziell unsicher betrachtet, unabhängig davon, ob es sich innerhalb oder außerhalb des Unternehmensnetzwerks befindet.

- **Identity-Centric:** Es erfolgt eine strenge Überprüfung der Identität aller Benutzer, Geräte und Systeme, bevor ihnen der Zugriff auf Ressourcen gewährt wird.

- **Least-Privilege:** Benutzer und Systeme erhalten nur die minimalen Berechtigungen und Zugriffsrechte, die für die Ausführung ihrer spezifischen Aufgaben erforderlich sind, und das auch nur so lange wie unbedingt notwendig.

- **Micro-Segmentation:** Das Netzwerk wird in kleine, isolierte Segmente aufgeteilt, um den seitlichen Bewegungen von Angreifern innerhalb des Netzwerks entgegenzuwirken.

- **Encryption:** Weitreichende Nutzung von End-to-End-Verschlüsselung im gesamten Unternehmensverkehr.

- **Continuous Monitoring:** Kontinuierliche Überwachung von Benutzeraktivitäten, Datenverkehr und Systemzuständen.

- **Adaptive Security:** Dynamische Anpassung der Sicherheitsrichtlinien basierend auf kontinuierlichen Überwachungsdaten und Risikobewertungen.

Es bietet sich an, diese Prinzipien mit der aktuellen Sicherheitsarchitektur des Unternehmens abgleichen zu lassen. Zero Trust ist nicht in allen Bereichen zwingend notwendig, bietet aber eine gute Grundlage, um die maximale Sicherheit zu erreichen.

Die Notfallpläne

Haben Sie die bereits genannten Punkte in Ihrem Unternehmen abgehakt oder waren diese sogar schon gut aufgestellt?

Dann lohnt sich ein genauer Blick auf den Worst Case – oder besser gesagt, den Plan für die Begegnung mit diesem Angriffsszenario. Denn wir haben bereits gehört: Egal, wie gut unsere Sicherheitsstrukturen sind, wird dennoch irgendwann ein Angriff erfolgreich sein.

In Notsituationen ist nicht die Zeit, sich rationale, einzelne Handlungsschritte auszudenken. Es muss reagiert und entschieden werden. Und das möglichst schnell und zielführend. Das gelingt am besten, wenn bereits zuvor ein Ablaufplan festgelegt wurde. Dessen Kernelemente lernen Sie im Exkurs auf einer der folgenden Seiten näher kennen.

Ihr erster Check im Unternehmen sollte also sein, ob es einen solchen Plan gibt. Prüfen Sie die Existenz und lassen Sie sich diesen in Ihrer Funktion als Kontrollorgan gerne zeigen. Prüfen Sie, wie detailliert er ist, ob involvierte Personen darüber in Kenntnis gesetzt sind und ob er praktisch erprobt wurde. Fehler oder Lücken darin zu erkennen, wenn der Notfall bereits eingetreten ist, wäre fatal.

Lassen Sie solche Pläne, wie den Enterprise Security Plan und den Incident Response Plan, regelmäßig überprüfen und die Umsetzung einzelner Schritte testen. Wenn der Ernstfall eintritt, kommt es in vielen Fällen darauf an, wie schnell reagiert werden kann. Die Geschwindigkeit erhöht sich drastisch, wenn die Abläufe bekannt und routiniert sind.

Außerdem sollten die Pläne eine richtige Priorisierung enthalten. Sind die Kronjuwelen des Unternehmens weit genug oben auf der Liste? Was kann womöglich „geopfert“ werden? Gibt es Geschäftseinheiten oder Standorte, die weniger wichtig sind als andere? Eine Reihenfolge in Wichtigkeit hilft dem agierenden Security-Team im Ernstfall ungemein weiter.

Machen Sie sich im Vorfeld auch Gedanken um Ihre Kommunikationsstrukturen. Wer wird wann und vor allem über welchen Kanal kontaktiert? Gehen Sie nicht davon aus, dass E-Mail-Verkehr, Chat und Telefon (über VoIP!) funktionieren werden. Ebenso unsicher ist, ob Sie im Fall der Fälle Zugang zu Ihren Adress- und Telefonbüchern haben. Smartphones sind in der Regel fest in das Firmennetzwerk integriert und können genauso befallen sein.

In größeren Unternehmungen oder Konzernen ist es gängige Praxis, ein redundantes System zu schaffen, mit welchem sich das Sicherheitsteam und die Geschäftsführung erreichen lassen. In jedem Fall sollte jedem der Beteiligten aus der C-Suite und allen Security-Experten eine Kurzform mit allen Notfallnummern in Papierform vorliegen und an allen relevanten Stellen hinterlegt sein. Dies kann ebenso auf den Aufsichtsrat oder Beirat zutreffen.

Stellen Sie diese Fragen im Beirat oder Aufsichtsrat und ziehen Sie die notwendigen Sicherheitsexperten und operativen Kräfte hinzu. Nicht zu vergessen ist ein durchdachter Kommunikationsplan. Reputationsschäden werden gerne unterschätzt. Es kann sich lohnen, eine externe Krisenkommunikationsagentur vorausgewählt zu haben, die im Notfall die notwendige Kommunikation aufbereitet und verbreitet.

Sehen Sie zusammengefasst die Prävention vor einem Cyberangriff wie die Vorbereitung auf einen Brand:

- **Erkennen der Bedrohung:** Wie man im Falle eines Brandes den Rauch bemerkt, sollte ein Unternehmen in der Lage sein, verdächtige Aktivitäten im Netzwerk zu erkennen. Frühzeitige Warnsysteme, sowohl für Brände als auch für

Cyberangriffe sind entscheidend. Monitoring ist das entscheidende Schlagwort, gegebenenfalls auch ein SOC.

- **Schnelle Reaktion:** Im Brandfall muss sofort reagiert werden, sei es durch das Löschen des Feuers oder das Evakuieren von Personen. Ebenso ist es bei einem Cyberangriff wichtig, schnell Gegenmaßnahmen zu ergreifen, um die Auswirkungen zu begrenzen und die Systemintegrität wiederherzustellen.

  Die Geschwindigkeit zur Verhinderung der Ausbreitung hat den größten Einfluss auf das Ausmaß des Schadens und den Zeitbedarf der Wiederherstellung.

- **Zusammenarbeit und Kommunikation:** Wie bei einem Brand müssen auch bei einem Cyberangriff alle Beteiligten zusammenarbeiten. Die Kommunikation mit den Mitarbeitern, Kunden und Behörden ist entscheidend, um Informationen auszutauschen und die Situation unter Kontrolle zu halten. Das klingt naheliegend und einfach – ist es aber nicht.

  Sie wissen zu Beginn nicht, ob sich der Täter noch im Unternehmen befindet und mithört, Sie wollen Kunden nicht unnötig verunsichern, und in keinem Fall wollen sie externe Trittbrettfahrer motivieren, aufzuspringen. Weniger ist hier oftmals mehr. Eine professionelle Agentur zahlt sich aus.

- **Wiederherstellung und Lektionen ziehen:** Nach einem Brand wird das beschädigte Gebäude wieder aufgebaut. Ebenso muss ein Unternehmen nach einem Cyberangriff seine Systeme reinigen und wiederherstellen und gleichzeitig aus dem Vorfall lernen, um zukünftige Angriffe zu verhindern. Der Wiederaufbau ist mehr eine Kunst als eine Wissenschaft und bedarf großer Sorgfalt.

Die Cyberversicherung

Cyberversicherung abschließen und wir sind aus dem Schneider? Das dies keinen echten Schutz bietet, müssen wir Ihnen sicher nicht mehr erklären. Schließlich kann keine Versicherung der Welt ein stillstehendes Geschäft wiederbeleben, keine Verschlüsselung entschlüsseln, keine verlorenen Daten wiederbeschaffen und keine ruinierte Reputation ersetzen. Kann es trotzdem sinnvoll sein, eine solche Versicherung abzuschließen?

Die Ausführungen zuvor zeigen, dass in erster Linie alle technischen Voraussetzungen zum Schutz und zur Wiederherstellung gegeben sein müssen sowie alle konstruktiven Pläne und menschlichen Rahmenbedingungen passen müssen. Erst dann kann eine Cyberversicherung eine kleine Ergänzung sein, zur Abmilderung des finanziellen Schadens. In der Sache hilft diese Versicherung aber nicht weiter.

Eine Cyberversicherung kann wohldosiert und sehr bewusst abgeschlossen werden. Dies setzt voraus, dass alle Vorbedingungen und Konditionen gut verhandelt sind und das Unternehmen diese erfüllen wird. Wir widmen diesem Thema einen kleinen eigenständigen Exkurs.

Mit der Entscheidung, die IT-Security der Somapro GmbH zu stärken, ist auch die Entscheidung getroffen worden, das Unternehmen einer umfangreichen Analyse zu unterziehen, was den Status quo der Sicherheitsarchitektur wie der Sensibilisierung der Mitarbeitenden betrifft. Zu diesem Zwecke wird ein Maturity Assessment nach Struktur des NIST Frameworks durchgeführt. Dabei werden schnell relevante Lücken aufgedeckt, die aufgrund der bisherigen Unternehmensstruktur und dem Businessmodell wenig überraschend sind.

Die bisherigen Touchpoints im Unternehmen sind auf die Nutzung von administrativen Tools beschränkt, nach außen wurden bislang wenige Schnittstellen und Vernetzung benötigt. Daher ist es nicht überraschend, dass Mitarbeitende wenig Gespür für Cybergefahren haben. Der Schulungsgrad ist gering ausgeprägt. Neue Arten des Phishings, Zero Trust-Ansätze und besonders die Sensibilisierung im Umgang mit Kundendaten und Systemen stehen daher weit oben auf der zukünftigen Sicherheitsagenda.

Des Weiteren müssen teils lose gehandhabte Sicherheitsstrukturen verbessert werden. Unter anderem soll die Multi-Faktor-Authentifizierung flächendeckend eingeführt werden. Die Sicherheit der Endgeräte soll durch stärkere Verschlüsselung erhöht und mit einer besseren Endpoint-Detection and Response (sogenannter EDR-Lösung) geschützt werden. Der Prozess zum Patchen von Endgeräten soll umgestellt und deutlich öfter laufen, um stets up-to-date-Software in Betrieb zu haben.

Ein weiteres, besonderes Augenmerk erhält die Backup-Strategie des Unternehmens. Neue Entwicklungen, die in enger Zusammenarbeit mit dem Kunden entstehen, erfordern einen hohen Schutz. Ebenso jene Daten, die im Rahmen der Prozesse entstehen werden. Diese neuen „Kronjuwelen" der Somapro GmbH sollen im Rahmen von redundanten Systemen mehrfach, on- sowie offline und georedundant, geschützt werden, um die Wiederherstellbarkeit zu gewährleisten.

Damit dies im Notfall gelingt, initiiert die Geschäftsleitung gemeinsam mit dem Beirat die Aufstellung von Notfallplänen in Form eines Enterprise Security-Plans und eines Incident Response-Plans. Diese enthalten alle wichtigen Kontakte im

Angriffsfall, eine Step-by-Step-Anweisung für die ersten Schritte und wichtige Recovery-Maßnahmen. Der Notfall sowie die Wiederherstellungsfähigkeit sollten unbedingt regelmäßig in der Praxis erprobt werden.

Im nächsten Schritt des Reifegrades soll die Verteidigung der Cybersicherheit mit KI-Systemen ausgebaut werden. Vor dem Hintergrund des zunehmenden KI-Einsatzes für Angriffsszenarien erscheint dies die einzig funktionale Lösung einer Begegnung. Die Leitidee wird sein, Anomalien durch KI zu erkennen.

Alle verabredeten Maßnahmen sollen in Form eines Optimierungsfahrplans verfasst und Teil der bereits bekannten Transformation Roadmap werden. Diese wurde ergänzt um eine weitere Lane für das Thema „IT-Security“, der Rest ist unverändert wie bereits im Kapitel zur Transformation vorgestellt.

Um diese Maßnahmen umfänglich und vor allem langfristig umzusetzen, wird ein neues Sicherheitsteam aufgebaut, geleitet von einem CISO. Der Chief Information Security Officer wird in direkter Berichtslinie an Charlotte, die CIO, berichten.

Dieses IT-Security-Team wird die Aufgabe haben, bestehende Strukturen zu verbessern, Sicherheitslösungen auszuwählen und einzuführen, permanent informiert zu sein und eng vernetzt mit dem Geschehen am Markt zu agieren. Darüber hinaus wird das Team alle Mitarbeitende der Somapro sensibilisieren und ihnen ihre Rolle verständlich machen.

Das Team wird außerdem Sorge tragen, dass die Soft- und Hardwarelandschaft stets einem sauberen Lifecycle-Management unterliegt und das Netzwerk und alle Systeme eng überwacht werden. Für eine 24/7-Überwachung wird die Zusammenarbeit mit einem externen Dienstleister angestrebt, welcher als SOC fungieren wird.

	Design & Aufbau	Umsetzen & Professionalisieren	Industrialisieren & Automatisieren
Organisation & Governance	• CIO-Office und Governance bilden • S&V aufbauen • Retained IT & neue Integration Unit designen	• Go-live Retained IT • Governance aktivieren • Aufbau des Integrationsteam	• Business: Steering • IT & Change Kompetenz ausbauen • Kunden Plattform bieten
Sourcing & Delivery Model	• Go-to-Market der Infrastruktur Services • Strategische Partner für Projekte finden	• Transition • Digitale Projekte mit Partnern realiseren	• Transformation der IT auf nächstes Level heben • Automatisierung fördern
Capabilities	• Aufbau OT-Kompetenz • IoT Kompetenz • IT Management Capabilities	• Aufbau des „Front Face" • Customer Care Mentality • Data science	• (Predictive) Maintenance & Repair einführen • Industrie 4.0 mitdenken
IT-Security	• End Point Protection • IT-/OT Governance • MFA • Externe Schnittstellen	• Notfallpläne in Betrieb nehmen • Backup Struktur umsetzen • Sicherheits-architektur	• KI-gestützte Cyberabwehr • Inhousetrainings • Zero Trust auf allen Ebenen
	Jahr 1	Jahr 2	Jahr 3

Sie sehen: Es gibt allerhand Möglichkeiten, Ihr Unternehmen präventiv zu schützen und das Risiko für den Angriff selbst, aber auch dessen Auswirkungen zu minimieren. Vielleicht sind bestimmte Aspekte in Ihrem Unternehmen bereits gut ausgeprägt, vielleicht verlangen andere hingegen mehr Aufmerksamkeit. Lassen Sie sich durch die folgenden Exkurse inspirieren.

Exkurs: NIST Framework

Das National Institute of Standards and Technology (NIST) ist eine nicht-regulatorische Behörde aus den Vereinigten Staaten, die unter anderem das NIST CSF (Cybersecurity Framework) veröffentlicht hat. Ursprünglich vor allem für Unternehmen aus dem Public- und Security-Sektor entwickelt, kann es heutzutage als Framework für nahezu jedes Unternehmen aus jeder Branche mit jeder Größe dienen. Es lässt sich als eine Sammlung aus Standards, Richtlinien und Best Practice-Lösungen verstehen.

Durch eine flexible Konzeption lassen sich genau jene Teilbereiche auswählen, die für das eigene Unternehmen relevant und leistbar sind. Dabei setzt es auf leicht verständliche Sprache – und ist somit ideal, um ein gemeinsames Verständnis von einer umfassenden IT-Security-Strategie zu entwickeln.

Durch die Organisation in fünf Phasen – Identify, Protect, Detect, Response und Recover – bietet es einen umfassenden Blick auf den Lebenszyklus der Cybersecurity-Risikoverwaltung. Die

Grafik soll insbesondere veranschaulichen, dass die Phasen durchaus mehrfach durchlaufen werden können. Werfen wir einen Blick auf diese fünf Bereiche und erklären, wie Sie als Beirat oder Aufsichtsrat in der jeweiligen Phase wirken können.

Identify

In Phase 1 geht es vor allem darum, kritische Unternehmensprozesse und Vermögenswerte zu identifizieren – Sie erinnern sich an Ihre „Kronjuwelen“, vor allem wo diese liegen und zu finden sind. Das Unternehmen sollte Klarheit über sein Hardware- und Softwareinventar erlangen. Richtlinien für Cybersecurity mit Rollen und Verantwortlichkeiten müssen erstellt oder gegebenenfalls nachgebessert werden. Zudem müssen mögliche Bedrohungen, Schwachstellen und Risiken identifiziert werden.

Ebenso ist klar zu reviewen, welche technischen Möglichkeiten zur Beobachtung von Störungen vorhanden sind, sogenannte Monitoring-Lösungen. Wie ist das IT-Netzwerk aufgebaut, wie ist es separiert, wie lässt es sich im Ernstfall trennen zwischen Standorten oder Bereichen? Es sollte zudem hinterfragt werden, wie formal die Risiken aus der Cyberwelt im Unternehmen verankert sind. Sind diese als Teil eines Enterprise Risk Managements dort gemeldet und mit adäquat hohen Risikohöhen bemessen?

Auf diesem Feld haben Sie als Aufsichtsrat oder Beirat großen Spielraum. Lassen Sie sich die Existenz derartiger IT-Inventare von der Geschäftsleitung bestätigen. Sie können sich eine Übersicht zeigen lassen, welche kritischen Assets im Unternehmen bereits identifiziert wurden und welche womöglich noch im Portfolio fehlen. Ebenso können Sie eine Risikobewertung anstoßen, die als Grundlage für weitere Maßnahmen dienen kann.

Protect

Auf die Identifikation der wichtigsten Assets folgt deren Schutz. Dies erfolgt beispielsweise durch die Verwaltung des Zugriffs auf Vermögenswerte und Informationen, den Schutz sensibler Daten durch Verschlüsselung und die Einführung regelmäßiger Backups. Der Schutz von Endgeräten fällt ebenso in diese Phase wie die Schulung jener, die diese verwenden. Hierbei geht es in erster Linie um die Beseitigung gefundener Schwachstellen aus Phase 1.

Als Beirat oder Aufsichtsrat können Sie darauf einwirken, dass technische Möglichkeiten erkundet werden, dass das notwendige Budget dafür vorhanden ist, und dass ein generelles Bewusstsein im Unternehmen für Schutzmaßnahmen entsteht. In dieser Phase können Sie aus Ihrer Rolle heraus die größte Wirkung erzielen. Sie sollten hierbei aktiv sein, um Ihrer Funktion als Kontrollorgan gerecht zu werden. Stellen Sie sicher, dass Ihr Mandatsunternehmen hinreichend gut gegen Angriffe geschützt ist.

Übrigens: Dies ist keine einmalige Maßnahme. Wie bereits an anderen Stellen erwähnt, ist der Markt der Cyberkriminellen hochdynamisch. Jeder adäquate Schutz ist regelmäßig zu hinterfragen. Nicht selten sind bereits nach sechs Monaten die technischen Möglichkeiten, die Angriffsszenarien und das Volumen der Angriffe derart dramatisch verändert, dass bestehende Schutzmechanismen als nicht mehr ausreichend betrachtet werden können. Die Tendenz aktueller Entwicklungen belegt, dass ein kontinuierlicher Review aus Gremiensicht ebenso notwendig sein wird wie ein stetiges Hinterfragen entschiedener Verteidigungsstrategien und Lösungen.

Detect

Sind die Sicherheitstore hochgefahren, können die Agenten auf den Weg geschickt werden. In dieser Phase werden Erkennungsprozesse eingeführt, getestet und aktualisiert, Protokolle gepflegt und überwacht, typische Datenflüsse identifiziert und die Auswirkungen von Angriffen auf diese erforscht. In dieser Phase wird üblicherweise ein Security Operations Center, kurz SOC, etabliert.

Der Aufsichtsrat oder Beirat kann sich mit der Frage befassen, in welcher Form eine Überwachung zielführend ist, beispielsweise, ob dies extern oder intern anzusiedeln ist, wie stark das Team aufgestellt werden muss, und wer im Angriffsfall informiert wird.

Response

Wie begegnen wir einem erfolgreichen Angriff? Auf diese Frage bereiten wir uns in dieser Phase vor. Das Unternehmen muss sicherstellen, dass Response-Pläne existieren. Hierbei kommt dem Kontrollgremium eine entscheidende Bedeutung bei. Das Unternehmen muss sicherstellen, dass Pläne getestet und aktuell gehalten werden. Die Funktionsweise mit internen und externen Stakeholdern ist zu gewährleisten.

Hinterfragen Sie die Existenz aller nötigen Pläne. Fragen Sie regelmäßig nach, wie Tests verlaufen sind, wie oft sie stattfinden und gehen Sie durchaus mit Stakeholdern in den Dialog. Im konkreten Fall eines erfolgreichen Angriffes sind Ihre Möglichkeiten als Gremium sehr begrenzt bis nicht vorhanden. Alles, was im Falle eines konkreten Angriffes aus Ihrer Sicht erfolgreich funktionieren muss, werden Sie zuvor hinterfragt, angestoßen, motiviert oder etabliert haben müssen.

Recover

Die letzte Phase beschreibt die Schritte der Wiederherstellung. Zum einen empfiehlt das Framework, einen genauen Kommunikationsplan mit allen Stakeholdern, um im richtigen Maße und regelmäßig zu informieren. Außerdem müssen Recovery-Pläne aktuell gehalten werden. In diese Phase fällt zudem das Managen der Public Relations (PR), um Reputationsschäden gering zu halten.

Auch in dieser Phase sollten Sie Ihrer Funktion als Kontrollorgan nachkommen und im ersten Schritt die Existenz von entsprechenden Plänen einfordern. Gerade dem Backup fällt in der Recovery-Phase die größte Bedeutung zu. Wir haben dazu später einen gesonderten Exkurs, um Ihnen Einblick in Relevanz und Stellgrößen zu geben. Erkundigen Sie sich regelmäßig nach Testverläufen, hinterfragen Sie, ob Backups noch ausreichend sind.

Das NIST Framework kann Ihnen als Aufsichtsrat oder Beirat in erster Linie als eine Art Denkmuster dienen. Gehen Sie die Phasen gedanklich durch. Sie können anhand der Phase ableiten, an welchen Stellen Sie aus Ihrer Rolle heraus Kontrolle, Einwirkung oder Mitwirkung walten lassen wollen. Es sollte bei der Beschreibung klar geworden sein: Sie haben die stärkste Möglichkeit in den frühen Phasen der Grundlagenlegung. Besonders in den Identify- und Protect-Phasen können Sie Rahmen und Möglichkeiten beeinflussen.

Ihrem Mandatsunternehmen, seiner Geschäftsleitung und insbesondere dem CIO bietet das NIST Framework eine gute Ausgangslage für eine Erhebung des Status Quo sowie die Etablierung von Kernelementen in der IT-Security. Als Beirat bzw. Aufsichtsrat können Sie anregen oder je nach Grad der aktivistischen Prägung einwirken oder mitwirken bei der Ausgestaltung.

Exkurs: Notfallpläne

Lassen Sie uns erneut einen Blick auf das Beispiel des Brandes, etwa in einer öffentlichen Institution, werfen. Sie stellen fest, es brennt. Meistens, weil ein Alarm losgeht. Im Idealfall finden Sie ohne große Mühe einen entsprechenden Notfallplan, welcher Ihnen aufzeigt, wo Sie sich befinden. Das sind Ihre möglichen Wege nach draußen. Dieser ist sicher, dieser nicht. Und das sind mögliche Telefonnummern, die Sie sofort wählen sollten.

Sie bekommen also in einer sehr stressigen Situation alle Informationen, die Sie benötigen, um ohne großes Hintergrundwissen die richtigen, lebensrettenden Entscheidungen zu treffen. Einen ähnlichen Zweck verfolgen Notfallpläne für Cyberattacken in Unternehmen.

Wir können dabei mehrere Ebenen unterscheiden, die zum einen den Detaillierungsgrad der jeweiligen Pläne betreffen, aber auch ihr konkretes Anwendungsszenario. An dieser Stelle sei gesagt: Es ist durchaus möglich, dass analoge Pläne in Ihrem Mandatsunternehmen andere Bezeichnungen haben. Darauf kommt es indes nicht an. Wichtig ist vielmehr, dass sie vorhanden sind. Lassen Sie uns exemplarisch dabei von drei Ebenen der Notfallpläne ausgehen, wie nachfolgend dargestellt.

Enterprise Security Plan

Der ESP könnte auch als der „Masterplan" aller Notfallpläne betrachtet werden. Denn er sollte im Idealfall auf alle anderen, existenten Pläne verweisen. Er ist das umfassendste Dokument, welches nicht erst zum Einsatz kommt, wenn der Notfall eintritt, sondern Richtlinien bzw. Grundsatzthemen für die Sicherheit im

Generellen enthält. Für Sie ist es die erste Informationsquelle, wenn Sie sich ein Bild darüber verschaffen wollen, welche Security-Maßnahmen im Unternehmen bereits etabliert wurden. Exemplarisch kann der ESP Einträge zu folgenden Themen enthalten:

1. **Generelle Sicherheitsziele**: Welche Ambition wird gegenüber welcher Bedrohungslage angesetzt?

2. **Aufbau des Security Management Teams**: Welche Rollen gibt es intern bzw. extern mit welchen Verantwortlichkeiten?

3. **Aufbau des Information Security Management Systems (ISMS)**: Gibt es, oder soll es ein ISMS geben und wie ist es gegebenenfalls aufgebaut? Wird eine Standard-Zertifizierung angestrebt?

4. **Incident Management**: Wie laufen im Ernstfall eines Angriffs Response und Recover ab? Für konkrete Handlungen haben wir in unserem Beispiel weitere Notfallpläne angesiedelt.

5. **Backup-Strategie und Datenanalyse**: Welche Daten sind besonders schützenswert (unsere Kronjuwelen!) und wie funktioniert ein verlässliches Backup?

6. **Life-Cycle-Management**: Wie wird ein kontinuierliches Life-Cycle-Management über die gesamte Technologie sichergestellt und damit verhindert, dass End-of-Life-Systeme im Einsatz sind?

7. **Netzwerkarchitektur und Netzwerksicherheit**: Wie ist die konstruktive Sicherheit des Netzwerkes angelegt und wie ermöglichen wir nötige Reaktionen auf Angriffe?

8. **Security Awareness**: Wie wird unternehmensweit oder bei externen Partnern die nötige Awareness für neueste Angriffsmethoden und die Rolle der zuständigen Mitarbeiter sichergestellt?

Sie sehen, es ist ein umfassendes Basisdokument, welches agierende Personen festlegt, verwendete Technologien aufschlüsselt, das Verhalten im Notfall beschreibt, die Datensicherung und -klassifikation thematisiert und die Einbindung und Schulung aller Mitarbeitenden sicherstellt. Der ESP, auch wenn er anders heißen mag, ist unverzichtbar. In Ihrer Rolle als Beirat oder Aufsichtsrat können Sie die Existenz eines solchen Dokumentes einfordern. Eventuell wollen Sie Einsicht verlangen oder bei aktivistischer Ausprägung Ihrer Rolle daran mitwirken. Wichtig ist, auf Aktualität des ESP zu achten. Durch die mannigfaltigen Teilbereiche, die darin dokumentiert sind, veralten Informationen schnell. Der ESP muss entsprechend häufig geprüft und aktualisiert werden, um weiterhin als verlässliche Grundlage dienen zu können.

Incident Response Plan

Der Incident Response Plan (IRP) ist eine konkrete Handlungsanweisung für den Fall eines Security Incidents, etwa eines Angriffs. Er ist konkreter auf Aktionen herunter gebrochen, bis auf die Ebene von Kontaktdaten, Telefonnummern etc. Er ist im Angriffsfall unabdingbar.

Ohne Anspruch auf Vollständigkeit oder gar den eines Standards, wollen wir nachfolgend einige wesentliche Ideen geben, was in einem solchen Plan stehen sollte:

1. **Incident Response Team**: Welche konkreten Personen sind im Fall der Fälle unmittelbar zusammenzubringen und über welche (ausfallsicheren) Kanäle sind sie zu erreichen? Welche Rollen haben die Personen in der Bekämpfung des Incidents? Wie wird welche Unterstützung erreicht, insbesondere ein Forensik-Team?

2. **Incident Klassifizierung**: Wie schwer ist der Incident einzustufen? Je nach Kategorie kann es verschiedene Vorgehen geben.

3. **Incident Response Procedures**: Wie ist das Vorgehen zur Angriffserkennung und Analyse? Wie zur Schadensbegrenzung? Wie zur Beseitigung der Ursache und gegebenenfalls der Entfernung von Malware? Wie können Systeme während und nach dem Angriff als sicher validiert werden?

4. **Incident Recovery Procedures**: Wie können Systeme und Daten wieder hergestellt werden? Wie können Systeme wieder anlaufen? Wie kann ein Wiederanlauf überwacht werden?

5. **Incident Communication Plan**: Wer ist als Teil des Kommunikationsteams zu mobilisieren? Welche Szenarien sollten vorbereitet werden? Welche internen und externen Zielgruppen sind zu berücksichtigen?

6. **Incident Notification Plan**: Welche rechtlichen oder regulatorischen Meldungen sind vorzunehmen, bspw. in Richtung Behörden wie dem BSI? Wie funktioniert die Meldung

bei der Polizei? Wer ist zuständig? Gibt es weitere Behörden von Relevanz aufgrund der Branche? Gibt es eine Cyberversicherung, an die der Vorfall gemeldet werden sollte?

7. **Post-Incident Measures**: Welche Lessons Learned können aus dem Incident gezogen werden? Welche Maßnahmen müssen in die kontinuierliche Verbesserung einfließen?

8. **Incident Testing**: Wie und wie oft wird der Plan getestet? Wie häufig wird er einem Review und Update unterzogen, ohne dass ein Incident aufgetreten ist?

Er enthält also alle Kontakte, die im Ernstfall ad-hoc benötigt werden sowie konkrete Vorgehensbeschreibungen für alle Maßnahmen des Response und Recovery.

Wie so oft hängt es stark von Unternehmensgröße und Branche ab, wie umfangreich ein IRP aussehen muss und wie viele Maßnahmen er beinhaltet.

Die Grundsatzfrage für Sie als Beirat oder Aufsichtsrat lautet: Existiert ein solcher Plan? Und folgend: Wie sieht der IRP in Ihrem Unternehmen aus? Wie verständlich ist er? Sind alle notwendigen Parteien involviert? Fehlen aus Ihrer Sicht Schritte?

Emergency Plan

Vielleicht ist es Ihnen schon aufgefallen: Keines der genannten Beispiele entspricht unserem eingangs skizzierten Szenario des Brandnotfallplans. Dafür kann es einen Emergency Plan geben. Wir reden hierbei von einem Einseiter, der die absolute Basis an Informationen enthält, um etwa in den ersten Sekunden der Entdeckung eines Security Incidents richtig zu reagieren.

Wir finden darauf in der Regel genau die Kontakte, die den Incident Response leiten sollen, wie etwa den CIO, den CISO oder auch Behördenkontakte.

Der Emergency Plan ist so zu halten, dass er von jedermann ohne IT-Fachwissen auf Anhieb verstanden werden kann, also etwa von der C-Suite und anderen Führungskräften. Hingegen adressieren die umfangreicheren Pläne einen kleinen Kreis von Security- und IT-Experten. Das ist der wesentliche Unterschied. Der kurze Emergency Plan dient dazu, den Incident Response Plan sozusagen zu starten und die richtigen Personen zu erreichen.

Der Emergency Plan enthält Kontakte zu allen denkbaren Erstkontakten, um einen Incident Response initiieren zu können. Sobald das Incident Response-Team übernommen hat, ist der Emergency Plan hinfällig und alles Weitere wird von diesem Team übernommen. Beispielhaft kann der Emergency Plan wie folgt aussehen:

1. Krisenstab einberufen: Sichere Kontakte zur Top-Ebene, insbesondere CIO, CISO, obere IT-Führungsebene, externe Forensiker, SOC;

2. Behördenkontakt, insbesondere Kontakt zum BSI;

3. Kontakte zu allen relevanten Polizeidienststellen;

4. Kontakt zum Datenschutzbeauftragten;

5. Kontakt zu besonders relevanten Technologen, insbesondere mit Netzwerk- und Infrastruktur-Senior-Expertise;

6. Kontakt zur Krisenkommunikation.

Sie sehen: Wir sind im schnellen Reaktionsmodus. Keine Zeit für Sicherheitsphilosophien oder -richtlinien. Die Wichtigkeit eines solchen Dokuments kann schnell unterschätzt werden. Vor allem, wenn Angriffe zu ungewöhnlichen Zeiten stattfinden, die Kommunikationskanäle nicht mehr funktionieren und niemand Zugriff auf seine Adressbücher hat. Das Dokument muss greifbar – am besten auch in Papierform an verschiedenen Stellen – hinterlegt sein bei einer größeren Gruppe relevanter Manager. Auch daheim, im Urlaub oder unterwegs im Auto sollte es greifbar sein.

Fragen Sie gezielt nach, ob es diesen „Notfallplan fürs Handschuhfach" in Ihrem Unternehmen gibt. Lassen Sie sich zeigen, ob alle relevanten Kontakte aufgeschlüsselt sind. Ob jeder Zugang dazu hat. Ob Daten aktuell sind.

Wie viele Pläne Sie benötigen und wie umfangreich sie sind, wird von Unternehmen zu Unternehmen sehr unterschiedlich sein. Wichtig ist, dass sie existieren, nicht veraltet sind und verständlich sind. Machen Sie es sich gerne zum Ziel, immer wieder danach zu fragen und Verbesserungen anzustoßen. Im Ernstfall wird man Ihnen dafür sehr dankbar sein. Im Übrigen sollten diese Pläne auch Teil eines umfassenden Business Continuity-Plans sein. Dieser geht jedoch weit über die reine IT-Funktion hinaus. Der BCM bzw. BCP zielt darauf ab, die Widerstandsfähigkeit einer Organisation gegenüber Störungen zu verbessern, unabhängig davon, ob sie durch IT-Ausfälle, Naturkatastrophen, menschliche Fehler oder andere Ursachen hervorgerufen werden. Dazu gehören Aspekte wie Geschäftsprozesskontinuität, Mitarbeitertraining, Kommunikationsstrategien und die Identifizierung von Schlüsselpersonen und Ressourcen, die für den Geschäftsbetrieb unerlässlich sind.

Exkurs: Backup

Die meisten Geschäftsmodelle und Betriebsabläufe sind heutzutage weitgehend digital unterstützt durch Systeme und Daten. Ein Verlust der digitalen Komponente lässt Unternehmen zum Stillstand kommen. Ein temporärer Verlust soll durch eine Wiederherstellung aus einem sogenannten Backup kompensiert werden.

System- oder Datenverluste werden mit der zunehmenden Automatisierung immer verheerender. Ein einziger Fehler, sei es durch menschliches Versagen, Hardwareausfall oder Cyberangriffe, kann essentielle Teile unseres Business über Nacht auslöschen – wenn wir nicht richtig vorsorgen.

Die wichtigste Lebensversicherung eines jeden Unternehmens ist ein passgenaues Backup. Ein spezifisches Backup-Konzept stellt eine Grundvoraussetzung für den kontinuierlichen Geschäftsbetrieb und die Sicherung der Unternehmensexistenz dar. Keine Versicherung, Compliance-Richtlinien, Cash oder Rückstellungen und kein Managementsystem kann verlorene Systeme, Daten, oder gar digitales Intellectual Property wiederherstellen. Insolvenzen nach Datenverlust sind keine Seltenheit. Unternehmen müssen daher proaktiv handeln, um ihre digitale Existenz zu schützen.

Dies allein macht klar, dass es ein relevantes Thema für Sie als Aufsichts- oder Beirat ist. In Ihrer Rolle können Sie vor allem die Existenz und Praxistauglichkeit eines solchen Konzepts sicherstellen. Wenn es ein einziges technisches Thema gibt, mit dem sich ein Kontrollorgan in der digitalen Zeit beschäftigen muss, dann ist es das Backup-Konzept und seine Umsetzung.

Dabei ist es entscheidend, die unternehmerischen Risiken zu bewerten und zu verstehen, ob ein Backup Konzept diese adäquat widerspiegelt.

Es gibt unzählige Dimensionen und Spezifika, nach denen sich Backups kategorisieren oder definieren lassen. Wir wollen nachfolgend die wichtigsten davon darstellen, die aus der Perspektive eines Kontroll- oder Beratungsgremiums relevant sein können.

Die Toleranzgrenze für Datenverlust

Zwei Schlüsselbegriffe spielen eine zentrale Rolle: RPO (Recovery Point Objective) und RTO (Recovery Time Objective).

- **RPO:** Die maximale Zeitdauer eines Datenverlustes, bevor dies zu erheblichen geschäftlichen Auswirkungen führt. Der RPO gibt also die Zeitdauer zwischen zwei Backups an und damit den maximal tolerierbaren Datenverlustzeitraum.

- **RTO:** Die maximale Zeit, die benötigt wird, um den normalen Betrieb nach einem Ausfall wiederherzustellen. Der RTO gibt also die Dauer an, die maximal toleriert werden kann, um Systeme wieder aus dem Backup herzustellen.

Es ist offensichtlich, dass möglichst kurze Zeiten für beide Werte resilient machen, aber genauso klar, dass kurze Zeiten teurer in der Umsetzung sind. Daher wird in einem Unternehmen zwischen der Relevanz der verschiedenen Systeme und Daten unterschieden werden müssen.

Neben der optimalen Risikoeinschätzung sollten Sie ein klares Bild davon haben, welche Daten in Ihrem Unternehmen die oberste Priorität haben, sprich, Ihre Kronjuwelen sind. Eine geeignete Backup-Strategie hat diese im Hauptfokus mit der höchsten Stufe an Sicherheit.

Die Lokation und Frage nach der Georedundanz

Neben diesen Zeiten ist eine weitere Dimension die Lokation der Backups, also wo diese physisch vorgehalten werden. Was nützen einem drei Sicherungen der Daten, wenn diese allesamt auf einem Server liegen, der beschädigt wurde? Der Schaden kann hierbei durch banale Ursachen wie Feuer, Wasser oder durch beabsichtigte Zerstörung wie Cyberangriffen erfolgen. Ziel sollte stets eine sogenannte Georedundanz sein, also die Vorhaltung an verschiedenen Orten.

Sofern Systeme und Daten bei externen Providern betrieben und vorgehalten werden, haben diese in der Regel diese Georedundanz im Portfolio. Dies gewährleistet die Speicherung an weit genug voneinander entfernten Standorten, um beispielsweise im Falle einer Naturkatastrophe nicht vollumfänglich betroffen zu sein.

Die Resilienz gegen Zugriffe: Online versus offline

Backups sollten in einer perfekten Welt stets erstellt werden und schnell verfügbar sein. Allerdings sind sie dadurch auch für Cyberangreifer und andere Störungen gut zu erreichen.

- **Online-Backups**: Diese sind stets online mit dem Hauptsystem verbunden und werden während des Betriebs erstellt. Sie ermöglichen eine kontinuierliche Datensicherung und eine schnelle Wiederherstellung. Sie sind besonders wichtig für geschäftskritische Systeme, bei denen schneller Zugriff bei der Wiederherstellung wichtig ist.

- **Offline-Backups**: Diese Backups sind physisch getrennt vom Hauptsystem. Dies macht diese Backups resistenter gegen Angriffe. Oftmals wird dies mit Georedundanz verbunden: offline an einem anderen Ort. Im Vergleich zu Online-Backups kann die Wiederherstellung aus einem Offline-Backup länger dauern.

In der Praxis werden Sie stets eine Kombination aller Varianten benötigen: Online-Backups für die Effizienz von kritischen Produktionssystemen, Offline-Backups für die Resilienz und den Ernstfall, Georedundanz, um Resilienz gegen eine Vielzahl von Zugriffen zu gewährleisten. Bei höherer Abhängigkeit entstehen zugleich steigende Anforderungen an die Wiederherstellbarkeit.

Für die Ausgestaltung ist ein hohes Maß an Detailwissen notwendig, das Sie aus der Flughöhe eines Beirats oder Aufsichtsrates nicht aufbringen können und müssen.

Wir wollen Sie indes sensibilisieren und Ihnen einige Fragen an die Hand geben, mit denen Sie ein businesskonformes Backup in Ihrem Mandatsunternehmen sicherstellen können.

Die Kernfrage ist immer die nach der Existenz:

Wie sieht das aktuelle Backup-Konzept aus?

Gibt es ein aktuelles Konzept? Wie alt ist dieses? Wie oft wird die Wiederherstellung in der Praxis getestet?

Wer verantwortet und betreibt Backups?

Fragen Sie nach, wer im Unternehmen für Backups zuständig ist. Liegt diese Expertise intern oder extern? Wo liegen die Daten selbst?

Welche Arten von Backup sind geeignet?

Braucht es für das Unternehmen sowohl Online- als auch Offline-Backups? Wo liegen diese Backups? Sind Sie im Unternehmen oder außerhalb? Oder beides?

Wie lange werden Backups vorgehalten?

Wie weit kann ein Unternehmen in der Zeit zurück gehen? Einen Monat, ein Quartal, ein Jahr?

Mit den Antworten auf diese Fragen sollten Sie ein Gefühl dafür bekommen, worauf es wirklich ankommt: Backups, die alle wesentlichen Systeme und Datenbanken und sonstige Daten am richtigen Ort zur richtigen Zeit speichern und im Notfall schnell wiederherstellbar sind.

Exkurs: Cyberversicherung

Cyberversicherungen sind nicht die Antwort auf die Frage nach einer vernünftigen IT-Security. Sie helfen dem Unternehmen ebenso wenig in Sachen IT-Security wie es Rückstellungen und Cash nicht tun.

Genau so wenig wie die KFZ-Versicherung vor Unfällen bewahren kann oder Autos repariert, kann die Cyberversicherung vor Attacken schützen oder Systeme und Daten wiederherstellen. Wenn die digitale Existenz eliminiert ist, hilft eine Versicherung nicht weiter.

Bedenken Sie stets: Die einzige wirksame und wirkliche Cyberversicherung eines Unternehmens ist das Backup und eine implementierte IT-Security gemäß einem Enterprise Security Plan.

Wenn wir uns also ergänzend trotzdem mit der Frage nach einer vernünftigen Versicherung für unser Unternehmen befassen, werden wir zwangsläufig mit der Frage konfrontiert, ob unser Unternehmen versicherungsfähig ist. Und das kann helfen, Schwachstellen aufzudecken.

Jede Cyberversicherung unterliegt Vorbedingungen. Typische und übliche Standardvorbedingungen bei vielen Versicherungen lauten:

1. Die Sicherstellung, keine End-of-Life-Systeme oder Komponenten im Einsatz zu haben.

2. Stets Security-Systeme up-to-date zu halten und Patches innerhalb von 10 Tagen nach Erscheinen eingespielt zu haben.

3. Ein verlässliches Lifecycle-Management im Unternehmen etabliert zu haben, um bei allen Systemen angemessen up-to-date zu sein.

Bei Abschluss einer Versicherung werden zahlreiche Fragen gestellt, um die aktuelle Lage der IT-Security und Vulnerabilität des jeweiligen Unternehmens zu bewerten. Daraus ergeben sich gegebenenfalls ergänzende Vorbedingungen für den individuellen Vertrag. Dies können beispielsweise Anforderungen an das Backup oder an konkrete Systeme und ihre Absicherung gegen Zugriffe von außen sein.

In Ihrer Rolle als Kontrollorgan mit dem Ziel, Ihr Mandatsunternehmen resilient auszugestalten, kann die Cyberversicherung nur einen minimalen Beitrag leisten. Neben der Tatsache, dass in der Regel nicht nur ein finanzieller Schaden bei einem Angriff entsteht, wird selbst dieser nur zu einem Bruchteil gedeckt werden können.

Ist eine Cyberversicherung daher überhaupt sinnvoll? Ja, vor allem, wenn Sie technologisch sehr gut aufgestellt sind. Technologisch gut aufgestellt heißt eben insbesondere, dass die Vorbedingungen an eine sachgemäße IT erfüllt sind, beziehungsweise an wenigen Stellen aus gutem Grund und einer Risiko-Mitigation bewusst akzeptiert sind. Gegebenenfalls schließt eine Versicherung solche spezifischen Fälle vom Schutz aus, aber dadurch wird zumindest der Rest abgesichert.

Beim Abschluss einer Versicherung können Sie aus Ihrer Rolle speziell die Vorbedingungen hinterfragen und den Grad der Wirksamkeit einer Versicherung, aber auch die Deckungssummen. Besondere Bedeutung haben lediglich die Teilsummen für die individuellen Angriffsvektoren oder Schadensmerkmale. Die Gesamtsumme ist weniger relevant und kommt eher nicht zum

Tragen. Besonders wichtig ist gegebenenfalls die Deckungssumme im Falle von Erpressungen.

Prüfen Sie vor allem die Relevanz der Vorbedingungen und hinterfragen Sie den Reifegrad Ihres Mandatsunternehmens in dieser Hinsicht. Eine Cyberversicherung kann zudem aus Compliance-Sicht nützlich sein und als gute Botschaft in Richtung Shareholder dienen. Sie darf aber nicht in Sicherheit wägen. Im Ernstfall helfen ausschließlich eine gut aufgestellte Sicherheitsarchitektur und Cyberabwehr.

Kapitel 13: IT-Security – Die Antwort auf einen Angriff

Prävention abgeschlossen? Gut. Denn jetzt geht es ans Eingemachte. Wir werfen einen Blick auf den Ernstfall – und was Sie als Aufsichtsrat oder Beirat unternehmen können, wenn Ihr Unternehmen angegriffen wurde.

Zunächst, wir hatten es an vorheriger Stelle bereits angekündigt, ist Ihr Handlungsspielraum erst einmal gering. Denn nun entscheidet sich, ob zuvor getroffene Maßnahmen Wirkung zeigen. Bei den ersten Schritten im Notfall werden Sie aller Voraussicht nach gar nicht involviert sein. Dennoch kann es enorm hilfreich sein, wenn Sie als Beirat oder Aufsichtsrat wissen, was die entscheidenden Erfolgsparameter sind und wie diese in der Vor- und Nachbereitung optimiert werden können.

Wie sieht also der sogenannte Response aus, also die ersten Schritte bei Entdeckung des Angriffs? Das hängt im Einzelnen natürlich vom konkreten Vorfall ab und dem Zustand. Wir wollen trotzdem die Phase des Response hervorheben und auf genereller Ebene beschreiben, um Ihnen ein Bild vom Vorgehen zu vermitteln.

Bevor wir starten, ist ein konkreter Vorfall erkannt worden. Dies kann durch die implementierten Überwachungssysteme von Netzwerk- oder Systemereignissen erfolgt sein, beispielsweise durch das Erkennen von Anomalien, automatisierten Alarmen oder Benachrichtigungen. Diese können von einem internen IT Security-Experten oder auch von einem SOC aufgenommen worden sein. Oder der Vorfall ist schlichtweg im Business aufgefallen. Dies kann etwa dadurch geschehen, dass urplötzlich Systeme nicht mehr verfügbar oder nicht mehr ansprechbar oder Daten nicht mehr auffindbar und zugreifbar sind.

Aktionslinie 1: Schaden begrenzen durch Abschottung und Separierung

Egal, zu welchem Zeitpunkt der Schaden in Ihren Systemen entdeckt wird – ob einen Tag oder 100 Tage nach dem Eindringen eines Angreifers – Geschwindigkeit ist nun das alles entscheidende Ziel. Sie macht den wesentlichen Unterschied aus. Die Ausbreitung des Feuers muss gestoppt werden.

Damit dies gelingt, werden in der Regel das Netzwerk und die Firewalls des Unternehmens von der Außenwelt getrennt. Im Inneren des Unternehmensnetzwerkes werden offensichtlich betroffene und (noch) intakte Areale voneinander getrennt. In der Praxis bedeutet dies in der Regel, dass alle denkbaren Netzwerksegmente voneinander separiert werden.

Im Notfallplan ist festgelegt, welche Personen aus der IT diese Separierung vornehmen können. Im Idealfall wird die Bedrohung vom SOC erkannt, im allerbesten Fall kann ein SOC die Trennung der Segmente sogar durchführen. In jedem Fall wird er die erforderlichen Stellen sofort informieren und die Separierung veranlassen.

Diese Separierung wird den Betrieb mindestens erheblich stören, wenn nicht sogar zum Erliegen bringen. Dieser Aspekt muss Ihnen aus Gremiensicht bewusst sein. Ein CISO oder CIO werden dies niemals leichtfertig tun, aber im Ernstfall mit voller Konsequenz und ohne weitere Rücksprache tun müssen. Dieser bewusst eingegangene unternehmerische Schaden dient der Begrenzung des deutlich größeren Schadens und dem Schutz vor weiteren Angriffswellen auf das Unternehmen. Schadensbegrenzung ist das erstrangige Ziel.

Die Art der Trennung kann bedeuten, bestimmte Teile des Unternehmens gezielt zu „opfern", also beispielsweise Standorte vom Rest abzuschneiden und nur einen Kern funktional zu halten. Welche Möglichkeiten hierbei bestehen, hat das Unternehmen im Idealfall im Voraus in der Notfallplanung priorisiert und geplant. Die Optionen der Trennung unterliegen letztlich den technischen Rahmenbedingungen der Netzwerkarchitektur. Diese lässt sich nicht ad-hoc im Ernstfall anpassen.

Aktionslinie 2: Forensik aufnehmen, um Patient Null und Einfallstor zu identifizieren

Nach Eindämmung des Schadens wird sofort die Ursachenforschung aufgenommen. Wie dies exakt geschieht, hängt von dem Schaden und seinem Ausmaß ab. Ebenso lässt sich nicht pauschal sagen, wie offensichtlich die Ursache ist und wie schnell die Suche danach Erfolg haben wird. Daher hat dieser Schritt auch keinerlei aufschiebende Wirkung für die Folgeschritte.

Um Ihnen ein wenig Einblick in diesen Schritt zu geben, anbei einige Hinweise dazu ohne Anspruch auf Vollständigkeit. Die Sichtung aller Monitoring und Log-Dateien von allen Systemen und Servern sowie des Netzwerk-Datenverkehrs sind übliche erste Schritte, sofern das Unternehmen und seine Daten nicht vollumfänglich verschlüsselt sind. Hat ein Unternehmen ein internes IT Security-Team, wird dieses in Zusammenarbeit mit den Netzwerk- und Server-Experten diese Maßnahmen umgehend vornehmen. Bei der Analyse werden in der Regel erste Indikationen sichtbar, ob Daten abgeflossen sein könnten. Dies ist ein essentieller Hinweis, um entscheiden zu können, ob Landesdatenschutzbeauftragte informiert werden müssen.

In der Regel wird unmittelbar bei Bekanntwerden des Vorfalls ein Forensik-Team zur Aufklärung aktiviert. Hoffentlich wurde in der Planungsphase bereits ein entsprechender Partner selektiert, am besten gleich mit einer Liste möglicher Ansprechpartner.

Die Forensiker gehen sukzessive den Weg des Angriffs ab, um „Patient 0", also das erste System, welches vom Angriff befallen wurde, zu finden. In engem Zusammenhang steht die Identifikation des Einfallstores, also der Frage, wie die Angreifer in das Unternehmen eindringen konnten. Auch hierbei sind die Forensiker gefragt. Informationen, wie der Angriff gelingen konnte, sind entscheidend, um das Einfallstor umgehend zu schließen und zukünftige Verbesserungen vorzubereiten.

Dies kann zudem helfen, weitere automatisiert startende Angriffsakte aus bereits im Netzwerk platzierter Schadsoftware vorab zu erkennen oder betroffene Netzwerke zu identifizieren.

Wenn Sie sich an das Kapitel zurückerinnern, in dem wir die potentielle Herkunft der Angreifer thematisiert haben, wissen Sie noch: Der Angreifer kann mutwillig aus Ihren eigenen Reihen heraus gehandelt haben. Dann ist es besonders wichtig, diese Person schnellstmöglich zu identifizieren, ebenso wie die Motive und eventuelle Mittäter.

Bei externen Angriffen ist entscheidend, ob der Angreifer sich selbst zu erkennen gibt, z.B. in Form eines Bekennerschreibens oder einer Lösegeldforderung. Dies ist typischerweise bei Ransomware-Angriffen der Fall, nicht aber bei der Vielzahl anderer Fälle wie etwa Sabotage.

Oftmals werden die Zugangsdaten, über welche die Täter Zutritt zum Unternehmen bekommen haben, schnell identifiziert.

Dies können Zugangsdaten von Mitarbeitern sein, welche lange Zeit vor dem durchgeführten Angriff in fremde Hände gelangt waren, beispielsweise über Phishing.

Unabhängig davon muss der Fokus des gesamten Teams darauf liegen, das Einfallstor zu schließen. Dies ist eine Voraussetzung, um überhaupt an ein Wiederhochfahren des Betriebes denken zu können.

Aktionslinie 3: Ausmaß bemessen und Behörden informieren

Diese Linie beginnt gleich am ersten Tag. In vielen Punkten werden Dinge klar sein und in vielen muss sofort entschieden werden. Bei einer Vollverschlüsselung des gesamten Unternehmens durch eine Cyber-Erpressung ist der Schaden extrem sichtbar und daher unangenehmerweise leicht zu bemessen.

Bei entsprechender Lösegeldforderung wird sehr schnell entschieden werden müssen, ob das Unternehmen zahlungsbereit ist oder von einer Zahlung grundsätzlich absehen will. Dies kann eine Fragestellung sein, die Sie im Aufsichtsrat oder Beirat vorab besprechen oder zu einem mitbestimmungspflichtigen Geschäft erklären. Übrigens: Dies hat einen Zusammenhang mit einer möglicherweise abgeschlossenen Cyberversicherung. Diese enthält oftmals eine begrenzte Deckung für Lösegeldzahlungen. Es gibt keine allgemeingültige Antwort auf die Frage der Zahlung. Üblicherweise werden Forderungen exakt so bemessen sein, dass sich eine Zahlung so gerade noch „lohnt“ für das Unternehmen. Dies ist das Heimtückische daran. Haben Unternehmen früher in der Regel gezahlt, so gibt es immer mehr Fälle, in denen Betroffene von einer Zahlung grundsätzlich absehen.

Ist Ihr Unternehmen betroffen, sollte umgehend Meldung beim zuständigen Landeskriminalamt gemacht werden. Idealerweise ist das dem Incident Response Plan zu entnehmen. Die Polizeistellen haben dazu in der Regel eine eigens zuständige ZAC, eine Zentrale Ansprechstelle Cybercrime. Im Zweifel findet sich über das Portal der deutschen Polizeien (www.polizei.de) der passende Kontakt. Das LKA entscheidet üblicherweise, welche LKAs anderer Länder gegebenenfalls hinzugezogen werden, meldet den Vorfall an das BKA und in KRITIS-Fällen auch an den Verfassungsschutz.

Unternehmen, die Teil der kritischen Infrastruktur Deutschlands sind, sogenannte KRITIS-Unternehmen, müssen umgehend eine Meldung beim BSI vornehmen. Diese kann im ersten Schritt online erfolgen. Alle nötigen Hinweise finden sich auf der Homepage des BSI. Andere Unternehmen können dort eine Meldung vornehmen, um gegebenenfalls von Hinweisen zu profitieren und der Behörde zu mehr Transparenz zu verhelfen.

Gibt es Indikationen, dass personenbezogene Daten kompromittiert oder abgeflossen sein könnten, sind die in den betroffenen Bundesländern zuständigen Landesdatenschutzbehörden zu informieren – spätestens nach 72 Stunden. Wichtig ist, dass diese Parameter genaustens im Notfallplan aufgenommen sind, um angesichts des hohen Drucks in der Angriffssituation die richtige Entscheidung treffen zu können.

Durch die Arbeit des Forensikteams sollte immer klarer werden, wie groß das Ausmaß des entstandenen Schadens ist. Es werden Schritt für Schritt alle Server durchgegangen und auf Spuren von Malware oder sonstige Spuren von schadhaftem Programmcode oder Fremdkörpern abgesucht. Im Falle einer Verschlüsselung wird die Forensik die Möglichkeiten einer Entschlüsselung und einer Wiederherstellung abwägen. Das beinhaltet insbesondere die Prüfung der Backups, welchen zu diesem Zeitpunkt eine besondere Bedeutung zufällt.

Nicht zuletzt wird das Unternehmen bereits frühzeitig die formale Meldung eines Schadensfalles bei der Cyberversicherung vornehmen.

Aktionslinie 4: Angemessen kommunizieren in der Krise

Ist das Notwendigste an Kommunikation erfolgt, kann abgewogen entschieden werden über die interne und externe Kommunikation – natürlich alles, während die Aufarbeitung des Falls und die Recovery-Maßnahmen weiterlaufen. Auch hierbei gibt es keine pauschale Antwort, welcher Umfang an Kommunikation gerechtfertigt ist und welche Zielgruppen relevant sind.

Wiederum hilft es enorm, zuvor Parameter festgelegt zu haben und/oder eine Agentur für Krisenkommunikation instruiert zu haben, die nun die richtige Vorgehensweise mitbestimmt.

Sicherlich gibt es an dieser Stelle neben dem engsten Security-Kreis weitere Personen im Unternehmen, die über den Vorfall informiert werden müssen. Dazu gehören wahrscheinlich auch Sie als Aufsichtsrat oder Beirat.

Eine flächendeckende Mitarbeiterkommunikation ist mit Vorsicht zu betrachten – insbesondere, wenn der Angriff möglicherweise aus den eigenen Reihen erfolgt ist. Zudem kann eine Kommunikation zu Panik führen oder eine ungewollte Weiterkommunikation durch Mitarbeiter über ihre privaten Social Media-Kanäle nach sich ziehen. Soll der Angriff nicht publik werden, sollten Sie indes mögliche Ausfälle und andere Einschränkungen anderweitig erklären. Dazu ein guter Rat: Unklare oder umschreibende Aussagen sind in diesem Zusammenhang erlaubt, aber lassen Sie sich nicht zu völlig falschen Aussagen hinreißen. Gelangt der Fall später aus welchen Gründen auch immer doch an die Öffentlichkeit, werfen Falschinformationen weder ein gutes Licht auf das Unternehmen noch auf die Gremien.

Bedenken Sie: Es ist gar nicht so einfach, flächendeckend zu kommunizieren, wenn eine Vielzahl oder gar alle Systeme nicht verfügbar sind. Auch hierzu haben Sie besser eine Alternative parat.

Besondere Relevanz hat die stark abzuwägende, aber laufende Kommunikation an Partnerunternehmen, wie etwa Lieferanten oder Kunden. Hierzu ist es hilfreich, eine spezielle Agentur in Führung zu bringen. Letztlich können Sie zu einem frühen Zeitpunkt nicht ausschließen, dass der Vorfall im eigenen Hause auch Schäden bei technisch verbundenen Partnern verursacht hat und potenziell Schadensersatzforderungen drohen könnten.

Die Presse gezielt mit abgewogenen Informationen zu versorgen, ist oft sinnvoll. Es wird sehr schnell passieren, dass auf IT-Portalen oder Branchenportalen Diskussionen über den Zustand in Ihrem Unternehmen beginnen.

Aktionslinie 5: Vollumfängliche Forensik des Falls

Sind Umwelteinflüsse und Erwartungen geklärt, wurden Sicherheitsmaßnahmen gegriffen und ist die erste Gefahr gebannt, dann geht es darum, den Fall vollumfänglich zu verstehen. Dies ist insbesondere wichtig, um mögliche „schlummernde“ Gefahren zu finden und zu eliminieren. Je nachdem, wie lange die Angreifer schon in Ihren Systemen unterwegs waren, haben sie aller Wahrscheinlichkeit nach mehrere „Bomben“ platziert. Diese lassen sich in der Regel mit forensisch sorgsamer Arbeit entdecken und entschärfen.

Erwarten Sie in dieser Phase nicht, dass das Unternehmen schon wieder vollumfänglich operieren kann – und drängen Sie unter keinen Umständen dazu, vorschnell Systeme wieder live zu schalten und Backups blindlings einzuspielen. Sind diese nämlich ebenfalls betroffen, so holen Sie sich damit die Schäden erneut ins Haus. Geben Sie der Phase der Aufarbeitung genug Raum.

Diese Schritte sind selbstverständlich sehr generisch zu verstehen und exemplarisch dargestellt. Jeder Angriff ist anders, obgleich es viele Muster gibt. In einem speziellen Fall treten möglicherweise weitere Parameter auf, die wir hier nicht abhandeln können. Deshalb betonen wir auch die Wichtigkeit der präventiven Maßnahmen. Nur durch eine umfangreiche Betrachtung Ihres Unternehmens, dessen Serverstrukturen, IT-Landschaft, Datenschätzen, potenzielle Sicherheitslücken und Angriffsmotive wie z.B. durch Umweltbedingungen oder interne Restrukturierungen, können Sie im Ernstfall die richtigen und notwendigen Schritte berücksichtigen.

Das Jahr bei Somapro neigt sich dem Ende zu. Die letzten Wochen waren von großen Anstrengungen geprägt, vor allem ausgelöst durch die Pläne der weiteren Digitalisierung des Business. Die IT hat sich inzwischen ebenso auf den Pfad der Transformation begeben. Charlotte hat bereits eine Vielzahl erster Optimierungen angestoßen, insbesondere im Bereich Security.

Anna ist alarmiert, aber nicht erstaunt, als Sie zwischen Weihnachten und Neujahr den Anruf erhält: Die Somapro GmbH wurde am zweiten Weihnachtsfeiertag angegriffen!

Mit Erleichterung stellt sie fest: Die etablierten Sicherheitsmaßnahmen scheinen gegriffen zu haben und die größte Gefahr ist bereits gebannt. Das Unternehmen steckt schon mitten im Response-

Prozess und hat die Forensik gestartet. In einem ausführlichen Meeting mit Charlotte lässt sich Anna informieren und bietet ihr Sparring an.

Was war geschehen? Kollegen aus dem Bereitschaftsdienst hatten glücklicherweise schnell reagiert, als Überwachungssysteme ungewöhnliche Meldungen produzierten. Hinzugezogene Führungskräfte und Experten konnten gemeinsam rasch feststellen, dass ganze Produktionsstandorte nicht mehr erreichbar waren.

Nach Rücksprache mit Charlotte wurde das Unternehmen umgehend vollständig vom Netz genommen und alle Standorte wurden separiert. Damit war sichergestellt, dass sich eine eventuell platzierte Malware nicht noch weiter verbreiten konnte, als sie es ohnehin schon hatte. Die Schadensbegrenzung hatte zügig und effizient, wie im Plan vorgesehen, gegriffen.

Nach dieser ersten, wichtigen Sicherheitsmaßnahme hatte Charlotte um sich ein kleines und vertrauenswürdiges Incident Response Team versammelt, das aus allen Security-Experten sowie ausgewählten Infrastruktur -und Netzwerk-Experten bestand. Ein externes Forensik-Team wurde akquiriert und beauftragt. Schon am Folgetag konnte die forensische Analyse aller Log-Dateien und der Monitoring-Auswertungen beginnen.

Der sogenannte Patient Zero konnte rasch identifiziert werden: Die Angreifer waren über einen Fernwartungszugang via administrativer Logindaten in das Netzwerk gekommen. Woher und wann diese Daten entwendet wurden, ließ sich nicht ad-hoc aufklären. Für den Moment war es jedoch entscheidend, dass entsprechend platzierte Malware schnell identifiziert und eliminiert werden konnte. Dies gelang vor allem durch die gute Nachverfolgbarkeit der Spuren, die Angreifer typischerweise im Netzwerk hinterlassen, so dass der Verlauf und das Angriffsmuster klar erkennbar waren.

Mit dieser Analyse konnte zudem ein besserer Eindruck vom Ausmaß des Schadens, der durch den Angriff entstanden war, gewonnen werden. Das ist eine zwingende Notwendigkeit, um die richtigen Informationen an die jeweiligen Behörden weiterzuleiten. Die Meldung beim zuständigen ZAC des LKA hat Charlotte noch in der Nacht des Bekanntwerdens vorgenommen. Zwischen den Jahren konnten schon mehrere Treffen mit Kommissaren und Informatikern des LKA stattfinden. Das LKA hatte dabei die Klärung mit dem BKA vorgenommen, da die betroffenen Produktionsstandorte in unterschiedlichen Bundesländern lagen. Das BSI wurde ebenfalls informiert, obwohl die Somapro kein KRITIS-Unternehmen ist.

Nach fortgeschrittener forensischer Arbeit konnte der Schaden klar bemessen werden: Vier Produktionsstandorte der Somapro waren eliminiert. Die verantwortlichen Systeme zur Steuerung der lokalen Produktion waren technisch nicht mehr verfügbar und alle Daten gelöscht. Das Headquarter war ebenfalls in Einzelbereichen betroffen. Die Forensik konnte bestätigen, dass kein Datenabfluss stattgefunden hat, sehr zur Erleichterung der Somapro-Geschäftsführung und des Beirats. Da somit kein Datenschutzvorfall vorlag, konnte von einer Meldung beim Landesdatenschutzbeauftragten abgesehen werden. Die Cyberversicherung der Somapro wurde ebenfalls mit einem kurzen Hinweis informiert, zu diesem Zeitpunkt natürlich noch ohne jeden Schadensbericht.

Um einiges bedeutsamer war die richtige Kommunikation nach innen und außen, um Stakeholder im richtigen Umfang mit den notwendigen Informationen auszustatten, ohne das Unternehmen dabei in weitere Gefahr zu bringen. Die Somapro hat ihre interne

Kommunikationsabteilung unter Hinzuziehung einer externen Krisenkommunikationsagentur aktiviert. Es wurden für alle Szenarien Wortlaute und Meldungen sowie eine passende Sprechweise definiert. Die Unternehmens-Homepage www.somapro.de wurde mit einem diskreten Hinweis für Kunden versehen.

Natürlich übernahm Charlotte die Kommunikation mit dem Top-Management selbst. In täglichen Business-Krisenmeetings hat sie das Management über alle laufenden Vorgänge, Erfolge und Erkenntnisse informiert, um gemeinsam Szenarien eines Notbetriebes zu entwickeln und gleichzeitig in aller Sorgfalt weiter Ursachen abzuschalten. Zu einem etwas späteren Zeitpunkt wurde selbstverständlich der gesamte Beirat informiert. In einer Krisensitzung berichteten sowohl die Geschäftsführung als auch die CIO über die geleistete Response-Arbeit und stellten Ideen zum Recovery vor. Der Beirat war gleichermaßen besorgt wie die Geschäftsführung, ob des noch nicht voll absehbaren immensen Schadens und den Auswirkungen auf das Geschäft und die Kundenbeziehungen. Die benötigte Zeit für eine vollständige Wiederherstellung eines normalen Geschäftsbetriebes war zunächst noch nicht absehbar. Auf der anderen Seite war der Beirat und insbesondere Anna beruhigt, dass der Schaden begrenzt werden konnte und die IT -Experten die Situation unter Kontrolle bekommen haben. Eine weitere Ausbreitung wurde durch sorgsame, strukturierte Arbeit verhindert.

Die internen Mitarbeitenden wurden erst dann informiert, als der Patient Zero klar identifiziert und sichergestellt war, dass es sich beim Täter nicht um einen internen Kollegen handelte. Die weitere Forensik konnte zudem bestätigen, dass nirgendwo weitere Malware versteckt war. Damit war das Unternehmen vorbereitet für die Phase des Recoverys. Die Forensiker legten einen Abschlussbericht vor, der für die weiteren Schritte mit der Versicherung von Nutzen sein wird.

Kapitel 14: IT-Security – Wiederherstellung nach dem Angriff

Ist ein Cyberangriff erfolgreich erkannt, sind die Netzwerke abgeschottet und alle Spuren aus den Systemen entfernt und ist das Ausmaß der Folgen klar, beginnt die Phase des Wiederaufbaus. Der Aufsichtsrat oder Beirat sollte dabei in enger Kommunikation mit den Beteiligten bleiben, selbst wenn er in den meisten Fällen wenig zum eigentlichen Prozess beitragen kann. Dennoch ist es hilfreich, sich proaktiv zu informieren, um das Ausmaß des Schadens und seine Auswirkungen auf das Geschäft einschätzen zu können.

Das Recovery lässt sich im Grunde gedanklich in zwei logische Teilbereiche aufgliedern: das technische Recovery und das betriebliche Recovery. Oftmals wird ein betrieblicher Review notwendig, um einen sicheren Betrieb fortführen zu können.

Technisches Recovery

Ähnlich wie in der Phase des Response ist Ihr Wirkungsgrad im technischen Recovery recht begrenzt. Im Idealfall zeigen die getroffenen Maßnahmen aus der Präventionsphase Wirkung und das Recovery funktioniert nach Plan. Ab wann alle Systeme wieder funktionstüchtig sein werden, lässt sich am Anfang oft nicht vorhersagen. Es werden sehr wahrscheinlich immer wieder Hürden auftauchen, die mehr Zeit und/oder Budget benötigen. Nach einigen Erfahrungen wird das IT-Team den Phasenplan des stufenweisen Recovery ausgestalten können und erst dann eine Prognose über die Wiederherstellung abgeben können.

In der Regel sollte zunächst dafür gesorgt werden, dass die absoluten Basics im Unternehmen wieder zur Verfügung stehen. Das umfasst die Wiederherstellung von Systemen und ihren Daten sowie den Wiederaufbau des Netzwerks, sofern es zur Abschottung von gewissen Bereichen kam. Dies setzt selbstverständlich eine ausführliche Sicherheitsprüfung aller Komponenten voraus.

Sollte das Unternehmen mit einer Vollverschlüsselung massiv betroffen sein und keinen Zugang mehr zu seinen Daten haben, könnte diese Phase den Neuaufbau der gesamten IT bedeuten: Hardwarebeschaffungen, Neuinstallationen und Einrichtungen. Dieses Szenario wird die meisten Geschäftsmodelle in den Ruin treiben. Dieses Extrem-Szenario unterstreicht daher nochmals die Notwendigkeit der präventiven Maßnahmen wie die sichere Vorhaltung von Backups für Daten und Systeme.

Sind das Ausmaß und der Aufwand zum technischen Recovery unterschiedlich stark zwischen verschiedenen Standorten oder Geschäftsfeldern ausgeprägt, so muss man entsprechende Prioritäten setzen. Üblicherweise enthält die Planung bereits eine Prioritätenliste. An dieser Stelle kann eine Mitwirkung eines Aufsichtsrates oder Beirates nützlich sein, um akut zu unterstützen. Dabei können Entscheidungen über die Reihenfolge von Recovery-Vorgehen gefällt werden oder gar Entscheidungen, ganze Standorte oder Geschäftsfelder abzuschreiben und nicht wieder zu eröffnen. Damit wird die Kapazität des Recovery auf den erfolgversprechendsten Bereich konzentriert und das Überleben des Unternehmens als Ganzes abgesichert, indem Teilfelder aufgegeben werden.

Eine Grundlage für den Wiederanlauf ist die Wiederbelebung sicherer Kommunikationsnetzwerke. In der Phase des Response wird häufig auf ein Notfallsystem gewechselt, welches später durch den regulären Kommunikationsweg ersetzt werden sollte.

Natürlich ist es essentiell, dass etwaige Verbesserungen sofort umgesetzt werden, wenn der Angriff durch Löcher in der Sicherheitsstruktur zu Stande kam. So sollten beispielsweise schadhafte Systeme oder ungeschützte End-of-Life-Systeme nicht wieder in den Betrieb gehen. Der Aufwand zur Korrektur eines identifizierten Sicherheitslecks kann einen erheblichen Zeitaufwand bei der Wiederherstellung einnehmen. Selten ist eine eins-zu-eins-Wiederherstellung mitsamt dem Einfallstor des erfolgreichen Angriffes zu vertreten.

Eine kontrollierte Vernetzung mit der Außenwelt wird ebenso wieder aufgenommen, gegebenenfalls Zug um Zug für einzelne Services, beispielsweise Remote-Arbeitsplätze, Mail-Kommunikation, Schnittstellen zu Kunden und Partnern.

Parallel zu einem technischen Wiederanlauf werden die Forensiker oder das interne IT Security-Team aufmerksam jede Bewegung in sämtlichen Monitoring-Werkzeugen verfolgen sowie eine mögliche Kommunikation oder Erwähnung im Darknet beobachten.

Betriebliches Recovery

Das betriebliche Recovery nach einem Cyberangriff umfasst Maßnahmen, die darauf abzielen, den Geschäftsbetrieb so weit wie möglich in Teilen aufrechtzuerhalten, wieder anlaufen zu lassen und sukzessive wieder vollständig herzustellen. Dazu gehören sowohl organisatorische Themen, kommunikative Maßnahmen mit Kunden und Geschäftspartnern, administrative Aktionen, wie etwa die Zusammenarbeit mit Behörden und der Versicherung sowie insbesondere die Überarbeitung aller Pläne und

Prozesse gemäß der implementierten Veränderungen aufgrund des Vorfalls. Ohne Anspruch auf Vollständigkeit seien hier einige Aspekte als Anregung aufgeführt:

Business Continuity Management: Aktivierung des Business Continuity-Plans, um sicherzustellen, dass geschäftskritische Funktionen aufrechterhalten werden. Hierfür sollten bereits vorab relevante Prozesse und Systeme identifiziert worden sein. Viele Störungen im IT-Betrieb werden bei entsprechender Planung durch „analoge" Geschäftsprozesse abgefedert werden können. Diese gilt es bis zum vollständigen Recovery im bestmöglichen Maße in Betrieb zu halten.

Ressourcenallokation und -verfügbarkeit: Die Identifikation von alternativen Ressourcen und Infrastrukturen für den Geschäftsbetrieb ist essentiell. Mängel in der Automatisierung und in IT-Workflows werden nur durch Menschen und schlichte Kapazität ausgeglichen werden können. Die Sicherstellung der Verfügbarkeit von Personal und der Zugriff auf temporäre Kräfte kommt gerade in Zeiten von effizienzoptimierten Personaldecken eine wesentliche Bedeutung bei. Ebenso kann der Zugriff auf Infrastruktur und technische Ressourcen relevant sein.

Stakeholder-Management: Die Kommunikation mit internen und externen Geschäftspartnern, Kunden und Lieferanten ist wichtig im Wiederanlauf. Sie wollen über den Status des Betriebsanlaufes und die ergriffenen Maßnahmen informiert sein. Gegebenenfalls müssen hierfür vorübergehend Kommunikationskanäle für Mitarbeiter, Kunden und Lieferanten eingerichtet werden. Elektronisch angebundene Partner haben ein nachvollziehbares Interesse zu wissen, ob die digitale Zusammenarbeit (wieder) sicher ist oder (noch) eine Gefahr des Überspringens besteht.

Der Kommunikation mit Ihnen als Aufsichtsrat oder Beirat kommt ohnehin eine besondere Bedeutung bei.

Kommunikation mit Behörden und Versicherungen: Der Wiederanlauf sollte umgehend allen involvierten Behörden gemeldet werden, insbesondere also dem BSI und den involvierten Polizeidienststellen. Dies ist zudem der richtige Zeitpunkt, die Kommunikation mit der Cyberversicherung aufzunehmen und erste Dokumente mit der Versicherung auszutauschen. Gemeinsam mit der Versicherung wird geprüft, ob ggf. ein Betriebsausfall zu begutachten ist. Die Kommunikation und die Abwicklung mit der Versicherung wird einige Runden bedürfen.

Rückkehr zum normalen Betrieb: Die Koordination der schrittweisen Rückkehr zum normalen Betrieb ist die hoheitliche Aufgabe des CIO in enger Abstimmung mit dem Business. Oftmals wird in einer solchen Phase eine sehr engmaschige Abstimmung zwischen den Betriebsverantwortlichen im Business, den Kundenbetreuern, der Kommunikationsabteilung und dem CIO gehalten, ggf. in Form eines täglichen Calls. Ein aktivistischer Beirat kann ebenfalls eng involviert sein. Eine kontinuierliche Überwachung aller Systeme und Prozesse wird parallel aufrechterhalten.

Das betriebliche Recovery ist eng mit dem technischen Recovery verbunden, und eine effektive Koordination beider Aspekte ist entscheidend, um den Geschäftsbetrieb nach einem Cyberangriff so schnell wie möglich wiederherzustellen. Ein gut durchdachter Business Continuity-Plan ist in diesem Zusammenhang von großer Bedeutung. Auch deswegen ist Ihre Einwirkung auf präventive Maßnahmen so wichtig.

Betrieblicher Review

Egal wie gut Ihre Präventionsmaßnahmen bereits waren: Sie werden mit Sicherheit nach deren Anwendung in der Praxis Verbesserungsmöglichkeiten erkennen. Dafür zu sorgen, dass diese auch umgesetzt werden, gehört zu den wichtigsten Aufgaben nach der Wiederaufnahme des Betriebs. Einige Maßnahmen können sofort umgesetzt werden, andere müssen langfristig geplant und weiter analysiert werden. Grob skizziert können die Dimensionen des Verbesserungsprozesses wie folgt aussehen:

Überprüfung der Widerstandsfähigkeit: Evaluierung der Widerstandsfähigkeit des Unternehmens gegenüber zukünftigen Cyberangriffen. Aktualisierung von Business Continuity- und Disaster Recovery-Plänen basierend auf den Erfahrungen des aktuellen Vorfalls.

Kontinuierliche Verbesserung: Analyse des betrieblichen Recovery-Prozesses und Identifizierung von Verbesserungsmöglichkeiten. Integration von Lessons Learned in die betrieblichen Abläufe und Sicherheitsrichtlinien des Unternehmens.

Schulung und Sensibilisierung: Schulung von Mitarbeitern bezüglich der neuen betrieblichen Abläufe und Sicherheitsrichtlinien. Sensibilisierung der Mitarbeiter für potenzielle Bedrohungen und bewährte Sicherheitspraktiken.

Reputationsmanagement: Sofern das Image des Unternehmens gelitten hat, sind Maßnahmen zur Wiederherstellung des guten Rufs einzuleiten. Dazu gehört die Kommunikation von Verbesserungsmaßnahmen und Sicherheitsinitiativen gegenüber Kunden und der Öffentlichkeit.

Hat das Unternehmen das technische und betriebliche Recovery durchlaufen, Verbesserungen identifiziert und implementiert, kann die Phase des Recovery als abgeschlossen betrachtet werden. Auch hier sollten Sie das Bewusstsein mitbringen, dass sich dieser Prozess über mehrere Wochen und häufig mehrere Monate ziehen kann. Werden Sie dabei nicht "optimierungsmüde". Als Aufsichtsrat oder Beirat können Sie die Aufgabe übernehmen, das Thema auf der Agenda zu halten, Verbesserungen auch über die Learnings aus dem Fall hinaus anzustoßen und Stakeholder kontinuierlich über den Fortschritt zu informieren.

Kapitel 15: Die Beiratssitzung nach dem Angriff

Was haben wir gelernt?

„Das war ein ordentlicher Testlauf", resümiert Anna im Rahmen einer Beiratssitzung, kurz nachdem die Somapro GmbH nach dem Angriff zurück in den Normalbetrieb gefunden hatte. Nun war es an der Zeit, den Vorfall und die einzelnen Recovery-Schritte genaustens auf den Prüfstand zu stellen. Denn das Unternehmen befand sich noch recht am Anfang der Umsetzung seiner Cybersecurity Roadmap. Auch wenn der Angriff natürlich äußerst schmerzhaft und kostenintensiv war, so war es doch der ideale Case, um die Strategie weiter zu schärfen und schon in der Umsetzung zu verbessern.

Da der Angriff höchstwahrscheinlich durch einen unachtsamen Umgang mit Logindaten überhaupt erst realisiert werden konnte, war ein umfangreiches Reset der Passwörter der Richtlinien dafür unabdingbar vor dem Wiederanlauf des Betriebes. Alle Mitarbeiter mussten sich persönlich ausweisen, um wieder Zugriff auf IT-Systeme und Zutritt zu Gebäuden zu erlangen. Die Separierungs-Strategie hat wunderbar gegriffen, wäre allerdings gar nicht erst notwendig gewesen, wenn Zugänge nicht in die falschen Hände gelangt wären. Eine Beschleunigung und Intensivierung der geplanten Schulungsmaßnahmen für Mitarbeitende wird weit nach oben auf die Cyberagenda gesetzt.

Besonders positiv bewertet Anna die Recovery-Maßnahmen. Die Somapro konnte dank der kürzlich entwickelten On- und Offline Backup-Strategie die kompromittierten und vernichteten Daten problemlos wiederherstellen und somit die betroffenen Standorte vollständig retten. Sie kann ebenso wohlwollend berichten, dass die Einspielung der Backups sehr besonnen und wohlüberlegt erfolgte. Zwar hätte ein sofortiges Neuaufsetzen aller Standorte parallel eine beschleunigte Wiederaufnahme des Betriebs bedeutet, hätte jedoch die sehr große Gefahr mit sich gebracht, Spuren von Malware zu übersehen und sich sofort wieder ins Haus zu holen. Jeder wieder aufgenommene Standort wurde sorgfältig seitens des SOC überwacht, speziell im Hinblick auf ungewöhnliche Netzwerkbewegungen.

Außerdem wurde, bis Klarheit über die Herkunft des Angriffs herrschte, auf ein vollständig getrenntes, sicheres Kommunikationsnetzwerk gesetzt, mit dem sich alle Beteiligten von Anfang an erreichen und austauschen konnten. Dies hat einen enormen Beitrag dazu geleistet, dass die interne Zusammenarbeit trotz abgeschotteter Systeme hervorragend funktionierte.

Die Wiederherstellung der verloren gegangenen Produktionsstandorte hat nur ca. zwei Wochen gedauert. Erst danach wurden einzelne Standorte, einer nach dem anderen, stufenweise wieder mit dem Headquarter verbunden. Die Vielzahl von externen Verbindungen zu Lieferanten und Kunden wurde ebenso wieder aufgebaut. Nach insgesamt fünf Wochen war die Somapro wieder voll geschäftstüchtig in der Außendarstellung.

Das vollständige Recovery nach außen hin bedeutet allerdings noch keinen vollumfänglichen Normbetrieb im Inneren. Hiervon ist man noch einige Schritte entfernt. Doch auch das, betont Anna, ist kein Grund zur Beunruhigung, sondern Dank der bereits gut ausgebauten Security-Strategie in einem vernünftigen Zeitraum realisierbar.

Insbesondere der Abbau von Notfalllösungen, wie dem abgeschotteten Kommunikationsnetzwerk und einem Notserver sowie zeitgleich der Wiederaufbau und die Verbesserung der bisherigen Strukturen wird die IT noch gut drei Monate beschäftigen. Dabei müssen stets die entworfenen Notfallpläne im Blick behalten und aktualisiert werden.

Charlotte kümmert sich zudem verstärkt um die Abwicklung des Versicherungsfalls. Da der Fall nun vollständig aufgearbeitet und Berichte erstellt werden, können diese sukzessive an die Versicherung übermittelt und Kosten geltend gemacht werden, z.B. für das Forensik-Team, die Krisenkommunikation und die Betriebsunterbrechung. Die meisten angefallenen Kosten dienen typischerweise der Verbesserung von Lösungen und werden daher sicherlich nicht übernommen werden. Wichtig für die Somapro war indes, die Vorbedingungen der Versicherung erfüllt zu haben.

Der vollständige Wiederanlauf des Geschäftes sowie die Gewissheit, keine Daten verloren und keine Daten veruntreut zu haben, stellen ein gutes Signal für einen akkuraten Umgang mit der Krise dar. Somit kann selbst ein derartiger Vorfall Kunden und anderen Stakeholdern ein vertrauensvolles Bild vermitteln. Dies ist für die Somapro vor dem Hintergrund des neuen digitalen Geschäftsfeldes von besonderer Bedeutung.

Für Anna steht fest: Sie wird nicht müde werden, das Thema Cybersicherheit und Resilienz immer wieder auf die Tagesordnung der Beiratssitzungen zu bringen. Denn die größte Gefahr für die Somapro GmbH wäre es, sich auf den Erfahrungen auszuruhen und davon auszugehen, dass es nächstes Mal bestimmt wieder reibungslos funktionieren wird. Cybercrime und seine Wege entwickeln sich stetig und massiv weiter. Dies im Blick zu behalten, die Response- und Recovery-Maßnahmen daran anzupassen und Mitarbeitende stetig zu schulen, ist eine Aufgabe, die niemals abgeschlossen sein wird. Beirat und Geschäftsführung sind sich einig und unterstreichen nochmals die Notwendigkeit weiterer Investitionen in die Verbesserung der Cybersicherheit der Somapro.

Dieser Angriff war kritisch, aber nicht unternehmenskritisch. Anna appelliert, dass dies auch in Zukunft so bleiben muss, wenn die Somapro verstärkt den digitalen Zweig aufbaut und damit auch Verantwortung für die IT-Sicherheit ihrer Kunden übernimmt und dadurch ihre Abhängigkeit von funktionierenden Netzwerken und Datenflüssen immer größer wird.

Kapitel 16: IT-Trends: Innovation als Teil der Firmenkultur

Es ist Ruhe bei der Somapro GmbH eingekehrt. Business und IT sind auf einer Linie, das erste und zweite Jahr der Transformation ist abgeschlossen und die IT Security hat sich signifikant verbessert. Was nun? Ausruhen? Die Beirätin wäre nicht die Beirätin, wenn nicht genau jetzt der ideale Zeitpunkt gekommen wäre, um nach neuen Trends für Somapro Ausschau zu halten. Denn nach der digitalen Transformation ist vor der digitalen Transformation. Sie weiß aber auch: Es ist notwendig, dass Innovationen aus dem Unternehmen heraus entstehen. Dass diese permanent mitgedacht werden. Und zwar von allen Mitarbeitenden. Ansonsten steht die Firma in einigen Jahren erneut vor der Herausforderung, einen massiven Transformationsprozess durchlaufen zu müssen, der wiederum Ressourcen verschlingen wird. Anna äußert ihre Gedanken bei der Geschäftsführung – und stößt auf offene Ohren. Auch wenn der Digitalisierungsprozess eine Erfolgsgeschichte bei der Somapro GmbH darstellt, ist das Management sehr daran interessiert, Innovation speziell im digitalen Bereich als fortlaufenden Prozess zu integrieren. Anna schlägt dem Unternehmen vor, sich das Konzept der Co-Innovation näher anzusehen. Dieses ist besonders für jene Unternehmen interessant, für die der Aufbau eines vollständig eigenständigen Innovations- oder Forschungszentrum nicht rentabel wäre und deren Produktentwicklung von einem heterogenen Umfeld am meisten profitiert.

Herzlichen Glückwunsch – an diesem Punkt haben Sie bereits wichtige Maßnahmen getroffen, um Ihr Unternehmen und Ihre IT auf Kurs zu bringen. Doch Sie wissen sicherlich auch, dass Ihnen kaum Zeit zum Ausruhen bleiben wird. Immer kürzere

Innovationszyklen bringen immer mehr neue Geschäftsmodelle hervor – die sich jederzeit disruptiv auf das eigene Business-Modell auswirken können. Unser Ziel muss es daher sein, eine gewisse Kultur des Innovierens zu etablieren, die in jedem Zweig des Business etabliert ist. Mitarbeitende, die in ihrem täglichen Tun Innovation anstreben, werden aller Wahrscheinlichkeit nach jene Trends und Technologien entdecken und anzuwenden versuchen, die einen wirklichen Impact haben.

Auch Sie als Beirat oder Aufsichtsrat können eine ganz entscheidende Rolle dabei spielen, Innovationen in Ihrem Unternehmen anzustoßen. Zum einen, indem Sie auf relevante Trends und Technologien hinweisen, und zum anderen, indem Sie darauf hinwirken, den notwendigen Raum für Innovationsfreude im Betrieb zu schaffen.

Relevante Trends ermitteln

Würde ein Unternehmen jedem kurzlebigen Trend hinterherlaufen und eine Technologie links liegen lassen, sobald eine neue kommt, wäre es vermutlich innerhalb kürzester Zeit insolvent. Zu groß und zu wechselhaft ist die Auswahl an möglichen Technologien. Die Kunst besteht also darin, jene Trends zu erkennen und zu verfolgen, die einen echten Impact auf das eigene Business versprechen. Und diese dann zielstrebig umzusetzen, anstatt sie nach kurzer Zeit wieder fallen zu lassen.

Eine gute erste Quelle zur Ermittlung globaler Trends können sogenannte Trendradare darstellen. Sie geben auf der einen Seite einen guten Überblick über aufkommende und absteigende Trends und teilen diese meist nach Branchen ein. Viele Tools bieten darüber hinaus an, ein auf das Unternehmen zugeschnittenes Radar zu erstellen, was ein wichtiger erster Schritt sein kann, um sich den notwendigen Überblick zu verschaffen. Sie sind vor allem im Zuge der rasanten technologischen Entwicklung entstanden.

Eng damit verbunden sind häufig Studien zu Trends und Technologien, beispielweise von Gartner oder Forrester. Sie bewerten Technologien und geben Einschätzungen ab, welche Trends für welche Branchen in Zukunft an Relevanz gewinnen und verlieren werden. Natürlich sind dies allesamt allgemeine Einschätzungen, die nicht immer 1:1 auf Ihren Unternehmensfall übertragen werden können. Sonst befinden Sie sich sehr schnell in der anfangs erwähnten Lage, alle Ressourcen in die Abarbeitung von Trends zu stecken, anstatt in ein gut durchdachtes Unternehmenskonzept. Aus diesem Grund wollen wir Ihnen an dieser Stelle keine allgemeingültige Liste der Top 10-Trends der nächsten Jahre vorstellen.

Aber wir möchten Sie auf GPT aufmerksam machen, die sogenannten General Purpose Technologies. Sie bezeichnen Grundlagentechnologien, die weitreichende Auswirkungen auf viele verschiedene Branchen und Bereiche der Wirtschaft haben und die Art und Weise, wie Unternehmen und Gesellschaften funktionieren, grundlegend verändern. Diese Technologien sind nicht auf spezifische Anwendungen oder Industriezweige beschränkt, sondern durchdringen eine Vielzahl von Sektoren und beeinflussen viele Aspekte des täglichen Lebens. Der Einfluss solcher Technologien erstreckt sich oft über lange Zeiträume und bringt stets tiefgreifende gesellschaftliche Veränderungen mit sich.

GPTs der Vergangenheit waren insbesondere die Dampfmaschine, die Elektrizität, der Computer, der Mikroprozessor und in den letzten Jahrzenten das Internet.

Aller Voraussicht nach wird die Künstliche Intelligenz, oder kurz KI, die GPT unserer Zeit werden. Es handelt sich also nicht

„nur“ um einen Trend, der lediglich einige Branchen treffen oder wenige Jahre andauern wird. Wir sollten davon ausgehen, dass KI folgende Elemente einer GPT erfüllt:

Breite Anwendbarkeit: KI-Technologien können in verschiedenen Sektoren eingesetzt werden, einschließlich Gesundheitswesen, Finanzwesen, Fertigung, Verkehr, Bildung und vielen anderen.

Transformation der Arbeitsweise: KI kann bestehende Betriebsmodelle transformieren und neue Möglichkeiten schaffen. Durch den Einsatz von maschinellem Lernen und anderen KI-Techniken können Unternehmen effizienter arbeiten, bessere Entscheidungen treffen und Produkte und Dienstleistungen entwickeln.

Skalierbarkeit und Anpassungsfähigkeit: KI-Algorithmen sind meist skalierbar und können an verschiedenen Anforderungen angepasst werden. Dies ermöglicht es, diese auf unterschiedliche Probleme und Branchen anzuwenden.

Langfristige Auswirkungen: Wie andere GPTs hat KI das Potenzial, langfristige Veränderungen in der Gesellschaft und der Wirtschaft herbeizuführen. Die Integration von KI kann neue Ökonomien entstehen lassen, neue Branchen kreieren, neue Geschäftsmodelle erschaffen. Alles das kann neue soziale Dynamiken aufkommen lassen.

Es ist also sehr wahrscheinlich, dass Ihnen das Thema KI im Rahmen Ihres Mandats mehr als einmal begegnen wird und Sie sich immer wieder die Frage stellen werden, welche Teile Ihres Geschäftsmodells davon profitieren können oder gar dadurch revolutioniert werden.

An dieser Stelle möchten wir indes betonen: Mit der Analyse von Trends haben Sie noch keinerlei Umsetzung erreicht. Es ist ein bekanntes Phänomen: Trends werden analysiert, aufgearbeitet und Konzepte entwickelt – die dann in der Schublade landen, während das Daily Business unberührt weiterläuft. Sie sollten sich also nicht nur fragen, wie Sie als Beirat oder Aufsichtsrat auf Trends aufmerksam machen können, sondern auch, wie Sie deren Verfolgung und Umsetzung motivieren oder gar einfordern können.

Umsetzen von Trends

Grundsätzlich gibt es unzählige Wege, wie Innovation und damit die Einbringung von Trends und Technologien in Ihrem Unternehmen aussehen kann. Klar ist eines: Von allein wird sicherlich wenig passieren. Speziell in Traditionsunternehmen, deren Kerngeschäft seit Jahren auf denselben Prinzipien und Produkten beruht, verliert man schnell die Verbindung zum Marktgeschehen – bewusst oder unbewusst.

Hier kommt gerade Ihnen als Aufsichtsrat oder Beirat die Rolle zu, kritisch zu bewerten, wieviel Innovation in Ihrem Mandatsunternehmen umsetzbar ist. Wieviel trauen Sie dem Unternehmen zu? Der langjährige Erfolg von Unternehmen verhindert oft den Blick für größere Innovationen.

Eine Kultur der Innovation zu etablieren ist alles andere als trivial. Für Sie als Außenstehenden schwer zu beurteilen und kaum zu beeinflussen.

Neben der Herbeiführung eines innovationsfreundlichen internen Klimas, sei es durch eine klare Innovationsstrategie, die Schaffung von Ressourcen, Anreizsysteme oder Revolutionieren der Fehlerkultur, kann es äußerst hilfreich sein, mit externen Mittel nachzuhelfen. An dieser Stelle können Sie unterstützen.

Ein beliebter Weg ist dabei die Schaffung eines Innovation Hubs – quasi ein „Innovationsorgan“, welches erst einmal außerhalb vom „Körper Unternehmen“ existiert und agiert. Es wird gezielt errichtet, um einen Raum zu schaffen, in welchen Mitarbeitende abseits vom Daily Business Innovationen kreieren, verwerfen oder weiterverfolgen können. Ein weiterer, beliebter Weg, von außen nachzuhelfen, ist der Zukauf von anderen Unternehmen, beispielsweise Start-ups, die interessante Technologien für den eigenen Markt herstellen.

Wir möchten Sie zudem auf einen besonders innovationsfreundlichen Weg hinweisen, der speziell für Unternehmen interessant ist, die nicht die notwendigen Mittel und Ressourcen besitzen, um einen komplett eigenen Weg der Innovation zu gehen. Auch für jene, die wissen, dass Innovation vor allem bei der Kombination unterschiedlicher Disziplinen entsteht, kann die Co-Innovation das passende Konzept zur Verfolgung von Trends sein.

Gerade ein außenstehender, aktivistischer Beirat kann wunderbar die nötigen Kräfte und Fähigkeiten zusammenführen und einen Weg zur Co-Innovation motivieren.

Co-Innovation

Wenn Ihr Unternehmen bis dato noch keine Berührungspunkte mit Innovations-Teams, -Methoden und -Strategien hat, bietet sich Co-Innovation an. Das Konzept der Co-Innovation, bekannt aus der Startup-Welt, bietet vielfältige Vorteile für Unternehmen. Dies gilt besonders in Europa, einem optimalen Ort für die Zusammenarbeit an innovativen Ideen durch die Vielfalt unterschiedlicher Kulturen.

Bevor wir Ihnen Praxisbeispiele an die Hand geben, möchten wir eine häufige Sorge ansprechen: die Angst, Wissen zu teilen und den Wettbewerbsvorteil zu verlieren. Überwinden Sie selbst diese Angst, plädieren Sie aber auch für Offenheit bei der Geschäftsführung. Es ist recht wahrscheinlich, dass der Vorschlag, „gemeinsame Sachen“ mit Externen zu betreiben, auf Gegenwind stoßen wird. Aber, und das zeigen die Geschichten zahlreicher Unternehmen, die diese Angst überwunden haben, es ist oft die einzige Möglichkeit, den rapiden Innovationszyklen gerecht zu werden und nicht von zahlreichen Mitbewerbern abgehängt zu werden. Vor allem kleine und mittelständische Unternehmen sollten ihre Kräfte bündeln lernen. So können sie zum relevanten Marktplayer werden und die Zukunft mitgestalten, anstatt nur zu reagieren. Doch wie genau kann Co-Innovation aussehen? Gerne geben wir Ihnen einige Beispiele mit auf den Weg:

Co-Innovation in Innovationshubs: Outside-In

Innovationshubs, welche sowohl von anderen Unternehmen als auch neutral betrieben werden, bieten einen externen Raum für das gemeinsame Arbeiten an kreativen Ideen. Das eignet sich besonders für mittelständische Unternehmen, die oft in traditionellen Strukturen gefangen sind und bei denen interne Innovationsabteilungen wenig fruchtbar sind.

Co-Innovation mit den richtigen Partnern: Inside Out

Zusammenarbeit mit externen Partnern, um interne Ideen umzusetzen. Eine solche Partnerschaft bieten einen sehr starken Mehrwert für beide Parteien: Viele Dienstleister bringen das Technologie-Know-How mit, wissen aber zu wenig über Prozesse und Anforderungen bestimmter Branchen. Dieses können wiederum etablierte Unternehmen liefern, die aber über weniger Technologiekenntnisse verfügen.

Co-Innovation mit Wettbewerbern: Co-opetition

Gemeinsame Innovation mit Wettbewerbern, insbesondere in Technologiebranchen, um Entwicklungen schnell auf den Markt zu bringen.

Co-Innovation zum Anfassen: Rapid Prototyping

Schnelle Prototypenentwicklung durch innovative Techniken wie 3D-Druck ermöglicht kostengünstige Tests neuer Ideen. So kann auch Innovation mit Kunden realisiert werden.

Co-Innovation auf Abruf: Innovation durch Challenges

Nutzung von Crowdsourcing-Plattformen, um weltweites Wissen zur Lösung von Herausforderungen zu mobilisieren. Dies eignet sich besonders für Projekte, die einen hohen gesellschaftlichen Nutzen mitbringen.

Co-Innovation über Forschungs- und Technologienetzwerke

Zusammenarbeit mit Universitäten und Forschungszentren, um Forschungsprojekte anzugehen und vernetztes Know-how zu nutzen.

Vielleicht haben Sie schon ein passendes Modell für Ihr Unternehmen in unserer Auflistung ausmachen können. Vielleicht benötigen Sie aber auch ein ganz anderes Konzept. So oder so hoffen wir, Sie haben Inspiration erhalten, wie Innovation speziell durch Kooperation gelingen kann. Gerade in dem Bereich Innovation kann ein Beirat oder Aufsichtsrat mit seinem breiten Netzwerk außerhalb des direkten Wirkkreises des Mandatsunternehmens punkten, unter Umständen direkt Türen öffnen oder vermitteln.

Stoßen Sie Innovation als festen Bestandteil des Betriebsalltags an, fungieren Sie als Impulsgeber für neue Trends, etablieren Sie wichtige Maßnahmen, um das Unternehmen langfristig auf einem digitalen und modernen Kurs zu halten.

Ein Beirat und ein Aufsichtsrat kann und muss zunehmend in Führung gehen: Impulse setzen, Einfordern und Einwirken. Ein Mandat in der digitalen Welt wird sich zusehends weniger auf eine Kontrollfunktion beschränken können, sondern vielmehr in eine Impulsgeberfunktion wechseln müssen.

Damit möchten wir es nun gut sein lassen. Mit dem guten Gefühl, dass Sie ein umfangreiches Bild über IT, dessen klassischem Rollenbild in vielen Unternehmen, notwendige Umstrukturierungen, Herangehensweisen zu deren Umsetzung, IT-Risiken im Generellen und insbesondere im Bereich IT-Security erhalten haben. Treten Sie für notwendige technologische, digitale und innovative Maßnahmen in Ihrem Mandat ein, werden Sie nicht müde, Fragen zu stellen und fordern Sie, wo nötig, die geeigneten Experten zu wichtigen Themen und offenen Fragen an. Denn IT-Expertise ist im Aufsichtsrat und Beirat von unschätzbarem Wert und wird zunehmend essenzieller in der Welt der digitalen Gefahren und digitalen Möglichkeiten.

Glossar

- **Business IT** = IT-Struktur, die Business-Partner zu einem konkreten Geschäftszweig ist
- **Business IT Fit** = Abgleich der (vorhandenen) IT-Landschaft mit dem Business/der Business Strategie
- **Business Continuity Plan** = vorab festgelegter Prozess für unvorhergesehene Ereignisse oder Katastrophen, um operative Funktionen aufrechtzuerhalten/wiederherzustellen
- **CEO-Fraud** = Social Engineering Art (Angreifer gibt sich als hochrangiges Firmenmitglied aus)
- **COBIT** = Framework für standardisierte IT-Prüfungen und Audits
- **Co-Innovation** = Mit Partnern entwickelte Innovationen speziell im Technologieumfeld zur Generierung von Wettbewerbsvorteilen
- **Defacing** = Angriff auf öffentliche Seiten, bei dem Inhalte geändert/gelöscht werden (Imageschaden)
- **DevOps** = kollaborative Praxis, die die Integration von Softwareentwicklung (Dev) und IT-Betrieb (Ops) fördert
- **Digital IT** = IT als eigener Geschäftszweig mit Beitrag zum EBIT

- **Digital Literacy** = Fähigkeit, Informationen in digitalen Formaten zu konsumieren, verstehen und zu erstellen

- **Digital Maturity Assessment** = Reifegradmessung der Digitalisierung eines Unternehmens

- **Disaster Recovery =** schnelle Wiederherstellung von Systemen nach einem Notfall oder einer Katastrophe

- **(D)DoS** = (Distributed) Denial-of-Service, Website oder Netzwerk wird mit Anfragen geflutet, was zu Überlastung führt

- **Digital Twin** = virtuelle Repräsentation eines physischen Objekts, Prozesses oder Systems, die in Echtzeit aktualisiert wird und dazu dient, Daten zu überwachen, analysieren und simulieren

- **Endpoint Detection & Response (EDR)** = Lösung zum Schutz und zur Abwehr von Cyberbedrohungen von Endgeräten.

- **Enterprise Application Management (EAM)** = Verwaltung und Optimierung der IT-Landschaft eines Unternehmens

- **General Purpose Technology (GPT) =** Eine Technologie, die für mannigfaltige Branchen globale Anwendung findet und damit Geschäftsfelder nachhaltig ändert (z.B. Dampfmaschine, Internet)

- **Incident Response Plan** = Notfallplan mit Handlungsabläufen im Falle einer Cyberattacke

- **ISO 27001** = Norm für Informationssicherheitsmanagement

- **IT Availability** = Verfügbarkeit von IT-Systemen/IT-Infrastruktur

- **IT Governance** = Planung, Kontrolle und Überwachung von IT-Ressourcen

- **IT TOM** = IT Target Operating Model zur Definition strategischer IT Ziele/Prozesse/Technologien für eine effiziente und effektive IT Funktion

- **IT & Security Management** = Sicherstellung der Zielqualität und Zuverlässigkeit der gesamten IT

- **ITIL** = Framework mit Sammlung vordefinierter Prozesse und Funktionen/Rollen für IT Service Management

- **KRITIS =** kritische Infrastruktur Deutschlands

- **Licence Management (LicM**) = Ausreichende (Software) Lizensierung in Menge und Umfang und Anwendung

- **Large Language Model (LLM) =** Sprachmodelle, die umfangreiche Textdaten verarbeiten können und für verschiedene natürlichsprachliche Verarbeitungsaufgaben eingesetzt werden

- **Malware** = Schadsoftware, um Betriebssysteme zu infizieren

- **NIS2 =** Richtlinie über Netz- und Informationssysteme der Europäischen Union, die Sicherheitsstandards für kritische Dienstleister und digitale Dienstanbieter festlegt

- **NIST** = Framework für Identifizierung, Schutz, Erkennung, Reaktion und Wiederherstellung von Cybersecurity-Risiken bzw. Angriffen

- **OT** = Operational Technology, Hardware und Software in industriellen Prozessen, die auf die Steuerung physischer Abläufe abzielen

- **Patchen** = Prozess des Aktualisierens von Software durch das Anwenden von Patches, um Sicherheitslücken zu schließen oder Fehler zu beheben

- **Policy Management** = Richtlinienverwaltung von Soft-/Hardware

- **Phishing** = Täuschende E-Mails/Nachrichten an Personen mit dem Ziel, persönliche Informationen zu erlangen

- **Predictive Maintenance** = frühzeitige Wartung basierend auf Vorhersageanalysen, um mögliche Probleme zu verhindern

- **Projektportfoliomanagement (PPM)** = Bewertung, Planung, Überwachung und Steuerung von IT-Projekten und -Initiativen im Kontext des gesamten IT-Portfolios

- **Ransomware** = Spezielle Malware mit dem Ziel, Unternehmensdaten zu verschlüsseln für Lösegeldforderungen

- **Retained IT** = Interne IT-Organisation

- **Security Operations Center (SOC)** = Service Center, das Prozesse, Technologien und Personalressourcen bereitstellt, um Sicherheitsereignisse und -situationen zu erkennen, zu reagieren und Schaden zu verhindern

- **Service Level Agreement (SLA)** = Regelt vertraglich u.a. Verfügbarkeit von Systemen
- **Sourcing & Vendor Management (S&VM)** = Beschaffung und Verwaltung von IT-Dienstleistungen
- **Shared IT** = Unterstützende IT für Querschnittsaufgaben und -funktionen
- **Social Engineering** = Vorbereitung auf eigentlichen Angriff, MA werden manipuliert (z.B. durch täuschend echte E-Mails von „Bekannten")
- **Sourced IT** = Extern bezogene IT
- **Sourcing Split** = IT-Dienstleistungen auf verschiedene Anbieter aufteilen, um Abhängigkeit zu reduzieren
- **Spyware** = Spezielle Malware mit dem Ziel, Informationen abzufangen, laufen meist unbemerkt im Hintergrund
- **Staff Augmentation** = gezielte Erweiterung eines bestehenden Teams durch die vorübergehende Hinzunahme externer Fachkräfte zur Bewältigung von Projekten oder Arbeitslastspitzen
- **TOGAF** = Umfangreiches EAM Framework. Adressiert gesamten Lebenszyklus der Unternehmensarchitektur
- **Zero Trust** = Sicherheitsansatz, bei dem kein Vertrauen in Benutzer oder Systeme vorausgesetzt wird

Die Herausgeber

Dr. Harald Schönfeld

Dr. Harald Schönfeld, Diplom-Volkswirt, Universität Trier. Post-Graduate Zusatzstudium „Innovationsmanagement“, Technische Universität Berlin. Promotion in Wirtschafts- und Sozialwissenschaften (Dr. rer. soc. oec.), Wirtschaftsuniversität Wien. Zertifizierter Aufsichtsrat & Beirat.

Nach dem Studium Karriere als angestellter Manager: Positionen im Marketing und Vertrieb, vor allem in großen, international tätigen Konzernen, insbesondere im Health Care-Bereich.

Seit 2003 ist er im Interim Management-Business tätig. Er ist Co-Gründer und Co-Geschäftsführer der UnitedInterim GmbH (www.unitedinterim.com), dem ersten digitalen Branchen-Ökosystem. Darüber hinaus führt er als Gründer und Geschäftsführender Gesellschafter die butterflymanager GmbH (www.butterflymanager.com). Dies ist eine auf die Vermittlung von Interim Managern spezialisierte Personalberatung mit nationalen und internationalen Interim Management-Projekten: Besetzung von C-Level Positionen, erste und zweite Führungsebene und Projektleitungen. Parallel hat er sich acht Jahre in der Branche als Stellvertretender Vorsitzender der Branchenvereinigung AIMP (Arbeitskreis Interim Management Provider) in Deutschland, der Schweiz und Österreich engagiert.

Dr. Harald Schönfeld hält Vorträge, unter anderem als Keynote-Speaker, leitet Fachkonferenzen und ist Autor und Herausgeber mehrerer Fachbücher im Bereich Interim Management, unter anderem des Standardwerkes „Karriere-Handbuch für Interim Manager" (zusammen mit Prof. Dr. Günther Singer und Jürgen Becker).

Ebenfalls ist er Herausgeber (teilweise zusammen mit Jürgen Becker) der Fachbuchreihe „Von Interim Managern lernen". Er ist aktives Mitglied und Autor im globalen Think Tank Diplomatic Council (DC) mit Beraterstatus bei den Vereinten Nationen (UNO). Seit 2022 ist er Dozent für Interim Management und Leiter des Zertifikatskurses für Aufsichtsräte und Beiräte an der Steinbeis Augsburg Business School. Darüber hinaus fungiert er als Herausgeber der Fachbuchreihe „Praxiswissen für Aufsichtsräte und Beiräte", die im Verlag des Diplomatic Council gemeinsam mit der Steinbeis Augsburg Business School erscheint.

Kontakt:
Dr. Harald Schönfeld
UNITEDINTERIM GmbH
Kohlreinstrasse 10
CH-8700 Küsnacht
Email: harald.schoenfeld@unitedinterim.com
Web: www.unitedinterim.com

butterflymanager GmbH
Ringstrasse 7
CH-8603 Schwerzenbach
+41 71 677 01 66
Email: schoenfeld@butterflymanager.com
Web: www.butterflymanager.com

Andreas Renner

Andreas Renner ist Academic Director und Geschäftsführer der Steinbeis Augsburg Business School. In dieser Position verantwortet er sowohl die akademische als auch die wirtschaftliche Entwicklung der renommierten Business School.

Er verfügt über langjährige Erfahrungen unter anderem bei KPMG WPG AG, ADAC und McCann Erickson und ist als Serial Entrepreneur tätig. So gründete er unter anderem The Giants Walk, eine Veranstaltungsserie, bei der Firmen nach jungen Talenten suchen, die mit ihnen gemeinsam eine unternehmerische Idee verwirklichen und daraus ein Startup gründen.

Andreas Renner verfügt über Qualifizierungen als Lehrtrainer Systemische Beratung, Certified Coach, NLP-Practitioner, BPS Certified Trainer, ITIL-Practitioner, SCRUM Master & Agile Coach sowie Certified Rating Analyst.

Als internationaler Berater mit Expertise in Positionierung, Vertrieb und Prozessautomatisierung unterstützte er bereits zahlreiche Dax-Konzerne und Familienunternehmen bei Optimierungsmaßnahmen und Sicherung der Ergebnisse.

Andreas Renner lehrt(e) in Berlin, Stuttgart / Hohenheim, Augsburg, Montabaur und Bamberg Business Modelling, Strategische Markenführung und Strategische Verhandlungsführung. Er ist Lehrtrainer für Systemische Beratung.

Er leitet Seminare, gibt Vorträge und berät in den Bereichen (digitale) Vertriebsoptimierung, strategische Verhandlungsführung, Beraterkompetenzen sowie Vertriebspsychologie.

Die Autoren

Daniela Hellwig und Karl-Heinz Schulte

Daniela Hellwig

Daniela Hellwig ist das Sprachrohr zwischen IT und Non-IT – speziell im Innovations- und Transformationsumfeld. Ihr Methodenwissen erlangte sie beim Studium der Medien- und Kommunikationswissenschaften an der Universität Augsburg sowie im postgradualen Studium der Informatik – Digital Innovation an der Fachhochschule Vorarlberg.

In ihrer Selbstständigkeit als Kommunikatorin und Marketerin (www.danili.de) leitet sie seit vielen Jahren Unternehmen, Gründer und Start-ups beim Aufbau einer innovativen, zielgruppengerechten und herausstechenden Kommunikationsstrategie an, speziell im Bereich Technologie, Learning und Hidden Champions.

Sie ist zudem Partnerin der Ikena GmbH (www.ikena.at), die sich auf die Durchführung und Begleitung digitaler Transformationsprojekte spezialisiert hat. Sie berät Konzerne und mittelständische Unternehmen, vorrangig im Produktionsumfeld, bei Innovationsvorhaben, mit spezieller Expertise in Kommunikations- und Innovationsstrategien sowie Adoption & Change-Maßnahmen.

Ihr Augenmerk liegt auf der Zusammenführung von Business und IT, um Raum für Innovation und Restrukturierungen zu schaffen. Sie revolutioniert dabei die Art und Weise, wie von und über IT gesprochen und gedacht wird – vom Supporter zum Enabler – und bringt das Thema auf die Agenda der Führungskreise.

Als Autorin von internationalen Fachartikeln, u.a. für EU-TECH Visions for Europe, teilt sie innovative Ideen und Technologien und ihre Anwendbarkeit speziell für mittelständische

Unternehmen im DACH-Raum. Zudem ist sie Trainerin im Bereich IT/Technologie in Deutschland, Österreich und der Schweiz. Hierbei schafft sie insbesondere für Frauen ein wertvolles Angebot, IT (-Trends) im Blick zu behalten und bewerten zu können.

Der direkte Link zur Autorin:

Karl-Heinz Schulte

Karl-Heinz Schulte transformiert seit über zwei Jahrzehnten zahlreiche Unternehmen mit einer profunden Expertise in IT, Digital Transformation und Cybersecurity in modernisierte und zukunftsweisende Bahnen. Seine fundierte akademische Grundlage legte er mit dem Studium der Informatik an der Universität Dortmund, später durch einen internationalen post-graduate MBA erweitert sowie kürzlich durch einen Micro Master in Digital Leadership & Transformation an der Boston University vervollständigt.

Als Geschäftsleitung, CIO, IT- und Programmleiter hat er DAX-Konzerne ebenso wie Mittelständler erfolgreich durch Modernisierungs- und Restrukturierungsprozesse der IT geführt: Von weitreichenden Digitalisierungen über große globale Outsourcing-Deals bis hin zum Aufbau einer starken Cyberabwehr und der Verteidigung von Angriffen.

Karl-Heinz Schulte bietet als Gründer von C-Level as a Service (www.sode.de) der C-Suite sowie Private Equity, Family Offices, Investoren und Aufsichtsgremien passgenaue Unterstützung bei Transformationsprozessen an.

Seine Leistungen reichen von Design zukünftiger IT-Modelle bis hin zu der Übernahme verantwortlicher Rollen, insbesondere dem CIO as a Service oder CIO-Offices as a Service sowie Beiratsvorbereitungen.

Er hat branchenübergreifend Geschäftsführungen und Gremien bei bedeutenden Transformationen durch M&A, Sourcing und Innovationen begleitet.

Er fungiert als C-Level Sparring-Partner für Geschäftsführer und Investoren und übernimmt digitale Beiratsmandate.

Als langjähriges Mitglied der Deutschen Digitalen Beiräte (www.deutsche-digitale-beiraete.de/karl-heinz-schulte.html) gestaltet er die deutsche Beiratsarbeit aktiv mit und treibt die Kompetenzentwicklung der Digitalisierung in Beiräten voran. Seine Erfahrung als Beiratsmitglied prädestiniert ihn für die Vermittlerrolle zwischen Beirat und CIO/CDO-Sicht. Darüber hinaus ist er Mitglied in weiteren Non-Profit-Technologiekreisen auf europäischer Ebene, insbesondere Chair of the Board bei der EUTECH Digital Transformation Alliance.

Als Dozent an der Steinbeis Augsburg Business School teilt er sein Praxiswissen zu IT und Cybersecurity im Zertifikatskurs für „Aufsichtsräte und Beiräte".

Der direkte Link zum Autor:

Bücher im DC Verlag

Fachbücher

Das Diplomatic Council (DC) veröffentlicht gemeinsam mit renommierten Institutionen Fachbücher, die auf ihren jeweiligen Fachgebieten anerkannte Standardwerke darstellen. Fallweise werden sie im Rahmen von UNO-Konferenzen vor den Vereinten Nationen weltweit vorgestellt.

Gemeinsam mit der Steinbeis Augsburg Business School wird die Reihe „Praxiswissen für Aufsichtsräte und Beiräte“ herausgebracht. Bislang sind in dieser Reihe unter anderem folgende Fachbücher (Herausgeber Dr. Harald Schönfeld und Andreas Renner) erschienen:

Künstliche Intelligenz für Entscheider, Andreas Dripke, Andreas Renner, Prof. Dr. Alexander Richter, Dr. Harald Schönfeld, Prof. Dr. Sebastian Thrun, Dr. Horst Walther, 220 Seiten, Hardcover, ISBN 978-3-98674-078-8

Kommunikation für Aufsichtsräte und Beiräte, Andreas Dripke, 148 Seiten, Hardcover, ISBN 978-3-98674-073-3

Internationalisierung für Aufsichtsräte und Beiräte, Michael Gutowsi, 118 Seiten, Hardcover, ISBN 978-3-98674-075-7

IT und Digitales für Aufsichtsräte und Beiräte, Daniela Hellwig, Karl-Heinz Schulte, 256 Seiten, Hardcover, ISBN 978-3-98674-112-9

Darüber hinaus sind im Verlag des Diplomatic Council die auf den folgenden Seiten aufgeführten Sachbücher erschienen. Der Verlag ist neuen Autoren gegenüber aufgeschlossen.

Sachbücher

Stasi 2.0 – Wie wir durch den staatlich-industriellen Digitalkomplex zu gläsernen Bürgern werden und was das für unsere Zukunft bedeutet. 2. aktualisierte Auflage, Andreas Dripke, Markus Miksch, 444 Seiten, ISBN 978-3-947818-05-1

Mein Atomknopf ist größer – America vs. North Korea. Jamal Qaiser, 184 Seiten, Paperback, ISBN 978-3-947818-01-3

Rechtsruck – Wie das Wiedererstarken des Nationalismus Deutschland in die Katastrophe führt. Anonyme Autoren, 660 Seiten, Paperback, ISBN 978-3-947818-06-8

Pandemie – Die Welt im Corona-Krieg, 2. aktualisierte Auflage, Andreas Dripke, Markus Miksch, 148 Seiten, Paperback, ISBN 978-3-947818-13-6

Covid-19 Falsche Pandemie – Die fatalen Fehler der WHO und ihre verhängnisvollen Folgen. Jamal Qaiser, Markus Miksch, 234 Seiten, Paperback, ISNB 978-3-947818-15-0

75 Jahre UNO – Macht und Ohnmacht der Vereinten Nationen. Andreas Dripke, Hang Nguyen, 330 Seiten, Paperback, ISBN 978-3-947818-07-5

Die Dekade 2020-2030 – Das kommt auf uns zu!, Andreas Dripke, Hang Nguyen, 362 Seiten, ISBN 978-3-947818-17-4

Corona und Impfen, Andreas Dripke et al., 188 Seiten, ISBN 978-3-947818-18-1

Hacker – Angriff auf unsere Computer-Zivilisation, Anonyme Autoren, 432 Seiten, ISBN 978-3-947818-23-5

Künstliche Intelligenz (KI) – Wir werden gedacht, Dr. Horst Walther, Andreas Dripke, 250 Seiten, ISBN 978-3-947818-25-9

Migration nach Europa – Wir schaffen das und die Folgen, Anonyme Autoren, 510 Seiten, Paperback, ISBN 978-3-947818-32-7

Auto – Vom Diesel-Desaster bis zum selbstfahrenden E-Auto, Autorengemeinschaft Diplomatic Council, 572 Seiten, Paperback, ISBN 978-3-947818-09-9

Digitale Disruption – Alles wird anders, Andreas Dripke et al., 216 Seiten, Paperback, ISBN 978-3-947818-34-1

Welt ohne Bargeld – Bitcoin und andere Kryptowährungen, Andreas Dripke, Stephanie Stoerk, 176 Seiten, Paperback, ISBN 978-3-947818-41-9

Die biometrische Vermessung der Menschheit, Andreas Dripke et al., 212 Seiten, Paperback, ISBN 978-3-947818-39-6

Apple Car – Wie der iKonzern das Auto neu erfindet, Andreas Dripke et al., 284 Seiten, Paperback, ISBN 978-3-94-7818-43-3

Der Wahn mit dem Datenschutz, Marc Ruberg et al., 136 Seiten, Paperback, ISBN 978-3-947818-51-8

Die Apple Agenda – Welche Märkte der iKonzern künftig revolutionieren wird, Andreas Dripke et al., 260 Seiten, Paperback, ISBN 978-3-947818-47-1

Hilfe, wir werden gechippt! – Vom Mikrochip unter der Haut bis zum Hirnschrittmacher, Andreas Dripke et al., 176 Seiten, Paperback, ISBN 978-3-947818-55-6

Cyber War – Die digitale Bedrohung, Marc Ruberg et al., 244 Seiten, Paperback, ISBN 978-3-947818-45-7

Inside WHO – Analyse der World Health Organization (WHO) und ihres Chefs Dr. Tedros Adhanom Ghebreyesus, Andreas Dripke et al., 124 Seiten, Paperback, ISBN 978-3-947818-27-3

2045 – Das Jahr, in dem die Künstliche Intelligenz schlauer wird als der Mensch, Andreas Dripke, Dr. Horst Walther, 104 Seiten, ISBN 978-3-947818-57-0

Der digitale Euro kommt – Fakten, Analysen, Hintergründe, Andreas Dripke, Stephanie Stoerk, 232 Seiten, Paperback, ISBN 978-3-947818-61-7

Digitale Identität – Unser Zwilling im Datennetz, Andreas Dripke et al. 164 Seiten, Paperback, ISBN 978-3-947818-53-2

Denken 5.0 – Was die klügsten Köpfe eines globalen Think Tank über unsere Zukunft denken; Andreas Dripke, Claude Piel, Detlef Schmuck, Dr. Harald Schönfeld, Helmut von Siedmogrodzki, Stephanie Stoerk, Dr. Horst Walther; 292 Seiten, Paperback, ISBN 978-3-94-7818-36-5

Ewige Pandemie – Freiheit ade, Andreas Dripke, Markus Miksch, 204 Seiten, Paperback, ISBN 978-3-947818-59-4

Der Dritte Weltkrieg – Das Undenkbare denken, die deutsche Ausgabe von „How to avoid World War III“, Hang Nguyen, Jamal Qaiser, 216 Seiten, Paperback, ISBN 978-3-947818-67-9

Auto ohne Lenkrad – Das selbstfahrende Auto steht vor der Tür, Patrick Dripke, Thomas Gronenthal, 140 Seiten, Paperback, ISBN 978-3-947818-79-2

Roboter im Alltag – Maschinen (beinahe) wie Menschen, Andreas Dripke, 176 Seiten, Paperback, ISBN 978-3-947818-71-6

Irrfahrt E-Auto – Abgesang auf die deutsche Autoindustrie, Thomas Gronenthal et al., 212 Seiten, Paperback, ISBN 978-3-947818-81-5

China versus USA – Kampf um die Vorherrschaft, Dr. Horst Walther et al., 280 Seiten, Paperback, ISBN 978-3-947818-63-1

Krieg in Europa – Unser schlimmster Albtraum, Andreas Dripke, Hang Nguyen, Jamal Qaiser, Dr. Horst Walther, 260 Seiten, Paperback, ISBN 978-3-98674-026-9

Kampf ums Wasser – Die Herausforderung des 21. Jahrhunderts, Claude Piel, 380 Seiten, Paperback, ISBN 978-3-98674-024-5

Asyl – Flucht ins Paradies, Hang Nguyen, 220 Seiten, Paperback, ISBN 978-3-98674-012-2

Das Internet der Dinge – Die Vernetzung umschlingt uns, Andreas Dripke, Wolfgang Odenthal, 132 Seiten, Paperback, ISBN 978-3-947818-99-0

Die Rückkehr der Kernkraft – Warum Atomenergie unsere Zukunft ist, Andreas Dripke, Hang Nguyen, Marc Ruberg, 204 Seiten, Paperback, ISBN 978-3-947818-95-2

Spion im Smartphone – Wie unser Alltags-Begleiter zur Falle wird, Marc Ruberg et al., 208 Seiten, Paperback, ISBN 978-3-947818-85-3

Kampf ums All – Wie Jeff Bezos, Richard Branson und Elon Musk den Weltraum erobern, und die Rolle der NASA, der ESA, Russlands und Chinas, Andreas Dripke, 260 Seiten, Paperback, ISBN 978-3-98674-014-6

Wenn sich China und Russland verbünden... – Die Herausforderung der Freien Welt, Andreas Dripke, Hang Nguyen, Jamal Qaiser, 260 Seiten, Paperback, ISBN 978-3-98674-016-0

Widerstand gegen die digitale Überwachung – Wofür Julian Assange und Edward Snowden kämpften, Marc Ruberg, Detlef Schmuck, 220 Seiten, Paperback, ISBN 978-3-947818-93-8

Alles über Krypto – NFT, Blockchain, Bitcoin & Co, Andreas Dripke, Stephanie Stoerk, 160 Seiten, Paperback, ISBN 978-3-98674-007-8

Computer wie Götter – Die Rechenknechte übernehmen die Herrschaft, Andreas Dripke, Hang Nguyen, 148 Seiten, Paperback, ISBN 978-3-98674-005-4

Das Versagen des Westens in Afghanistan, Syrien und der Ukraine, Hang Nguyen, Jamal Qaiser, 148 Seiten, Paperback, ISBN 978-3-947818-97-6

Das Diesel-Desaster – Die Geschichte des größten deutschen Industrieskandals, Thomas Gronenthal et al., 340 Seiten, Paperback, ISBN 978-3-947818-83-9

Der Dritte Weltkrieg – Das Undenkbare denken, Hang Nguyen, Jamal Qaiser, 268 Seiten, Paperback, ISBN 978-3-947818-67-9

Metaverse – Was es ist, wie es funktioniert, wann es kommt, Andreas Dripke, Marc Ruberg, Detlef Schmuck, 256 Seiten, Paperback, ISBN 978-3-947818-87-7

Klimakatastrophe – Wahn oder Wirklichkeit, Hang Nguyen et al., 184 Seiten, Paperback, ISBN 978-3-947818-49-5

Was nach dem Smartphone kommt – Eine Reise in unsere digitale Zukunft, Andreas Dripke et al., 152 Seiten, Paperback, ISBN 978-3-947818-69-3

Sebastian Thrun – Eine deutsche Karriere im Silicon Valley, Andreas Dripke, 298 Seiten, Hardcover, ISBN 978-3-98674-062-7

Ich bin nicht woke – Eine Widerrede gegen Gendern, Woke, Cancel Culture und anderes Gedöns, Mai Linh Tran, 184 Seiten, Paperback, ISBN 978-3-98674-065-8

Masterplan: Wie Elon Musk unsere Welt erobert, Andreas Dripke, 288 Seiten, Paperback, ISBN 978-3-98674-056-6

ChatGPT und LaMDA sind erst der Anfang – Wie Künstliche Intelligenz unser aller Leben verändert, Andreas Dripke, Tony Nguyen, Dr. Horst Walther, 200 Seiten, Paperback, ISBN 978-3-98674-067-2

Die digitale Zivilisation – Die Genesis und Zukunft unserer Informationsgesellschaft, Andreas Dripke, Harald A. Summa, 232 Seiten, Paperback, ISBN 978-3-98674-044-3

Ich bin nicht woke – Eine Widerrede gegen Gendern, Woke, Cancel Culture und anderes Gedöns, Mai Linh Tran, 184 Seiten, Paperback, ISBN 978-3-98674-065-8

Masterplan: Wie Elon Musk unsere Welt erobert, Andreas Dripke, 296 Seiten, Paperback, ISBN 978-3-98674-056-6

ChatGPT und LaMDA sind erst der Anfang – Wie Künstliche Intelligenz unser aller Leben verändert, Andreas Dripke, Tony Nguyen, Dr. Horst Walther, 200 Seiten, Paperback, ISBN 978-3-98674-067-2

Sebastian Thrun – Die autorisierte Biografie. Eine deutsche Karriere im Silicon Valley und was wir daraus für unser eigenes Leben lernen können. Andreas Dripke, 296 Seiten, Paperback, ISBN 978-3-98674-052-8

Klima: Unsicherheit und Risiko – Unsere Reaktion überdenken, Dr. Judith Curry, 512 Seiten, Hardcover, ISBN 978-3-98674-091-7

Die falsche Energiewende – Die fatalen Fehler der deutschen Energiepolitik, Herbert W. Fischer, 164 Seiten, Paperback, ISBN 978-3-98674-099-3

Wohlstand und Wirtschaftswachstum ohne Reue – Klimarettung ja, Deindustrialisierung nein, Jean Pütz mit Andreas Dripke, 136 Seiten, Hardcover, ISBN 978-3-98674-093-1

Gesunde Ernährungskonzepte auf Basis aktueller Forschung (2020 - 2024) – Neueste Erkenntnisse aus der Entschlüsselung des Stoffwechsels, Dr. Detlef Weber, 268 Seiten, Hardcover, ISBN 978-3-98674-096-2

Diplomatic Council (DC)

Das vorliegende Werk ist im Verlag des Diplomatic Council (DC) erschienen: DC Publishing.

Das Diplomatic Council verknüpft einen globalen Think Tank, ein weltweites Business Network und eine Charity Foundation in einer einzigartigen Organisation mit Beraterstatus bei den Vereinten Nationen. Die Herausgeber des vorliegenden Buches sind hochgeschätzte Mitglieder im Diplomatic Council.

Alle Mitglieder vereint die Überzeugung, dass Wirtschaftsdiplomatie ein tragendes Fundament für die internationale Völkerverständigung und den friedlichen Umgang der Nationen darstellt. Aus dieser Erkenntnis heraus überträgt das Diplomatic Council das Ziel der globalen Völkerverständigung in ein ökonomisches Mandat. Die Methodik eines weltweiten Wirtschaftsnetzwerkes wird mit der diplomatischen Kommunikationsebene der Staaten dieser Erde untereinander verknüpft.

Vor diesem Hintergrund sind im Diplomatic Council Persönlichkeiten aus Diplomatie, Wirtschaft und Gesellschaft engagiert, die mit Augenmaß ausgewählt werden und die sich durch eine hohe Akzeptanz, eine hohe Kompetenz und ein mit den Grundpfeilern des Diplomatic Council übereinstimmendes Wertesystem auszeichnen. Ebenso sind Unternehmen willkommen, für die Corporate Social Responsibility weit mehr als nur ein Schlagwort ist.

Weitere Informationen: www.diplomatic-council.org

Steinbeis Augsburg Business School

Die Steinbeis Augsburg Business School unterstützt Unternehmer und Führungskräfte dabei, ihre Visionen zu zählbaren Ergebnissen zu machen. Die Business School arbeitet auf Basis der Augsburger Schule der Transformation, systemisch verankert und mit dem notwendigen Implementierungsverständnis des integralen Denkens.

Seit über 30 Jahren steht Steinbeis für Veränderungen weltweit und in Deutschland. Aus dieser langjährigen Erfahrung im Bereich der Beratung, der Mediation und des Coachings leitet sich ab: Echte Veränderung nachhaltig zu gestalten ist eine komplexe Herausforderung. Die Steinbeis Augsburg Business School hat daher neue Wege entwickelt, um eine gelungene Veränderung garantieren zu können.

Gerne werden diese Kompetenzen bei Unternehmen ganzheitlich eingesetzt. Dazu gehören die Schulung der Mitarbeiter, die Beratung für Unternehmer und Führungskräfte vor Ort sowie die Unterstützung, um am Ende nachhaltige Ergebnisse in der Umsetzung zu erzielen. Dies umfasst auch die Realisierung: Neben der Vermittlung von Know-how und Erfahrung setzt das Team der Steinbeis Augsburg Business School mit Tatkraft Projekte gezielt um, vom durchdachten Projektplan bis zur fertigen Realisierung – alles aus einer Hand und in einer Sprache, damit eine Veränderung wirklich gelingt.

Die ganzheitliche Herangehensweise unterstützt dabei, Menschen, Prozesse, Organisationen und Betriebskulturen zu verändern – nachhaltig und wissenschaftlich fundiert. Rund 10.000

Unternehmen haben diese Veränderungskraft der Augsburger Schule der Transformation schon für sich entdeckt.

Steinbeis-Stiftung für Wirtschaftsförderung

Die Steinbeis-Stiftung für Wirtschaftsförderung (StW) bildet das Dach des Steinbeis-Verbundes. Ein Kuratorium, dem Repräsentanten aus Wirtschaft, Wissenschaft, Politik und Verwaltung angehören, legt die Grundsätze für die Arbeit der Stiftung fest. Die gemeinnützige Stiftung und ihr für alle wirtschaftlichen Aktivitäten im Wissens- und Technologietransfer verantwortliches Tochterunternehmen Steinbeis GmbH & Co. KG für Technologietransfer (StC) sind Basis der Organisation und haben ihren Hauptsitz in Stuttgart.

Steinbeis agiert unabhängig von staatlicher Förderung und stellt sich mit seinen Dienstleistungen konsequent den Spielregeln des Marktes. Der unternehmerisch gestaltete und verantwortete Transferprozess und ein dezentrales Agieren in einem zentral gestalteten Rahmen bilden die organisatorische Basis für den Erfolg.

Quellenangaben und Anmerkungen

[1]https://www.bsi.bund.de/SharedDocs/Downloads/DE/BSI/Publikationen/Lageberichte/Lagebericht2023.pdf

[2] https://www.faz.net/aktuell/wirtschaft/schneller-schlau/4000-hackerangriffe-am-tag-allein-in-deutschland-18126679.html

[3] https://www.bsi.bund.de/SharedDocs/Downloads/DE/BSI/Publikationen/Lageberichte/Lagebericht2023.pdf?__blob=publicationFile&v=7

[4] https://www.watchguard.com/de/wgrd-news/blog/im-jahr-2023-gab-es-alle-39-sekunden-einen-cyberangriff.